一目一讀

春夏秋冬

风花

琴棋书

诗

一月

01

星期一
农历十一月十五　元旦

昭君怨·梅花

／宋·郑域

道是花来春未，道是雪来香异。竹外一枝斜，野人家。

冷落竹篱茅舍，富贵玉堂琼榭。两地不同栽，一般开。

星期二 02
农历十一月十六

盐角儿·亳社观梅 / 宋·晁补之

开时似雪，谢时似雪，花中奇绝。
香非在蕊，香非在萼，骨中香彻。
占溪风，留溪月，堪羞损、山桃如血。
直饶更、疏疏淡淡，终有一般情别。

03 星期三
农历十一月十七

落梅 / 宋 · 刘克庄

一片能教一断肠，可堪平砌更堆墙。
飘如迁客来过岭，坠似骚人去赴湘。
乱点莓苔多莫数，偶粘衣袖久犹香。
东风谬掌花权柄，却忌孤高不主张。

星期四
农历十一月十八

04

东风第一枝·巧沁兰心 ╲ 宋·史达祖

巧沁兰心，偷黏草甲，东风欲障新暖。谩凝碧瓦难留，信知暮寒轻浅。行天入镜，做弄出、轻松纤软。料故园、不卷重帘，误了乍来双燕。青未了、柳回白眼。红欲断、杏开素面。旧游忆著山阴，厚盟遂妨上苑。寒炉重暖，便放慢春衫针线。恐凤靴、挑菜归来，万一灞桥相见。

05 星期五

农历十一月十九

浣溪沙 ╲ 清·纳兰性德

欲问江梅瘦几分，只看愁损翠罗裙。麝篝衾冷惜余熏。

可耐暮寒长倚竹，便教春好不开门。枇杷花底校书人。

醉蓬莱 ／ 佚名

看梅腮妆腊，柳眼绒春，小寒交候。蓂荚双开，庆生贤毓秀。早著蜚声，荣登鹗表，正是当年少。

大器能藏，诗当富贵，功名还就。

暂试鸾栖，需期瓜约，未试经纶手。料想黄扉须有分，看玺书飞到。州县无劳，沙堤已筑，跃马长安道。岁岁今朝，斑斓品戏，举觞称寿。

星期六 06
农历十一月二十

07

星期日

农历十一月廿一

采桑子

\ 五代·冯延巳

花前失却游春侣，独自寻芳。满目悲凉。纵有笙歌亦断肠。

林间戏蝶帘间燕，各自双双。忍更思量，绿树青苔半夕阳。

上林春令 ╲ 宋·毛滂

蝴蝶初翻帘绣。万玉女、齐回舞袖。落花飞絮蒙蒙，长忆著、灞桥别后。
浓香斗帐自永漏。任满地、月深云厚。夜寒不近流苏，只怜他、后庭梅瘦。

09 星期二
农历十一月廿三

霜天晓角·梅 / 宋·范成大

晚晴风歇，一夜春威折。脉脉花疏天淡，云来去、数枝雪。

胜绝愁亦绝，此情谁共说。惟有两行低雁，知人倚、画楼月。

10 星期三

农历十一月廿四

暗香

／宋·姜夔

旧时月色，算几番照我，梅边吹笛？唤起玉人，不管清寒与攀摘。何逊而今渐老，都忘却春风词笔。但怪得竹外疏花，香冷入瑶席。

江国，正寂寂。叹寄与路遥，夜雪初积。翠尊易泣，红萼无言耿相忆。长记曾携手处，千树压、西湖寒碧。又片片、吹尽也，几时见得？

11 星期四
农历十一月廿五

疏影 / 宋·姜夔

苔枝缀玉，有翠禽小小，枝上同宿。
客里相逢，篱角黄昏，无言自倚修竹。
昭君不惯胡沙远，但暗忆、江南江北。
想佩环、月夜归来，化作此花幽独。
犹记深宫旧事，那人正睡里，飞近蛾绿。
莫似春风，不管盈盈，早与安排金屋。
还教一片随波去，又却怨、玉龙哀曲。
等恁时、重觅幽香，已入小窗横幅。

星期五

农历十一月廿六

12

大德歌·冬

／元·关汉卿

雪纷纷，掩重门，不由人不断魂，瘦损江梅韵。那里是清江江上村，香闺里冷落谁瞅问？好一个憔悴的凭栏人。

13 星期六
农历十一月廿七

天净沙·冬／元·白朴

一声画角谯门，半庭新月黄昏，雪里山前水滨。竹篱茅舍，淡烟衰草孤村。

星期日
农历十一月廿八
14

踏莎行·雪中看梅花 / 元·王旭

两种风流，一家制作。雪花全似梅花萼。
细看不是雪无香，天风吹得香零落。
虽是一般，惟高一着。雪花不似梅花薄。
梅花散彩向空山，雪花随意穿帘幕。

15 星期一
农历十一月廿九

浣溪沙

／宋·舒亶

燕外青楼已禁烟，小寒犹自薄胜绵。画桥红日下秋千。

惟有樽前芳意在，应须沈醉倒花前。绿窗还是五更天。

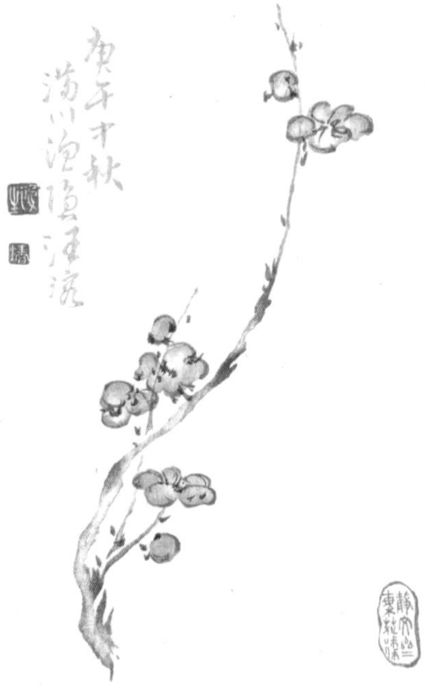

星期二 16
农历十一月三十

夜上受降城闻笛 / 唐·李益

回乐峰前沙似雪，受降城外月如霜。
不知何处吹芦管，一夜征人尽望乡。

冬

拾贰

梅月

雁北乡，鹊始巢，雉雊鸡乳。日穷于次，月穷于纪，星回于天。数将几终，岁且更始。

星期三 17
农历腊月初一

山中雪后 / 清·郑燮

晨起开门雪满山，雪晴云淡日光寒。
檐流未滴梅花冻，一种清孤不等闲。

18 星期四
农历腊月初二

夜宴南陵留别 / 唐·李嘉祐

雪满前庭月色闲，主人留客未能还。
预愁明日相思处，匹马千山与万山。

星期五 19
农历腊月初三

白雪歌送武判官归京 / 唐·岑参

北风卷地白草折，胡天八月即飞雪。
忽如一夜春风来，千树万树梨花开。
散入珠帘湿罗幕，狐裘不暖锦衾薄。
将军角弓不得控，都护铁衣冷难着。
瀚海阑干百丈冰，愁云惨淡万里凝。
中军置酒饮归客，胡琴琵琶与羌笛。
纷纷暮雪下辕门，风掣红旗冻不翻。
轮台东门送君去，去时雪满天山路。
山回路转不见君，雪上空留马行处。

20 星期六
农历腊月初四

霁雪 / 唐·戎昱

风卷寒云暮雪晴，江烟洗尽柳条轻。
檐前数片无人扫，又得书窗一夜明。

大寒

星期日 **21**
农历腊月初五

寒夜 / 宋 · 杜耒

寒夜客来茶当酒，竹炉汤沸火初红。
寻常一样窗前月，才有梅花便不同。

22 星期一
农历腊月初六

点绛唇·咏梅月

／宋·陈亮

一夜相思，水边清浅横枝瘦。小窗如昼，情共香俱透。
清入梦魂，千里人长久。君知否，雨僝云僽，格调还依旧。

和仲蒙夜坐 / 宋 · 文同

宿鸟惊飞断雁号，独凭幽几静尘劳。
风鸣北户霜威重，云压南山雪意高。
少睡始知茶效力，大寒须遣酒争豪。
砚冰已合灯花老，犹对群书拥敝袍。

24 星期三
农历腊月初八　腊八节

行香子·腊八日与洪仲简溪行其夜雪作

／宋·汪莘

野店残冬。绿酒春浓。念如今、此意谁同。溪光不尽，山翠无穷。有几枝梅，几竿竹，几株松。

篮舆乘兴，薄暮疏钟。望孤村、斜日匆匆。夜窗雪阵，晓枕云峰。便拥渔蓑，顶渔笠，作渔翁。

星期四 25

农历腊月初九

临江仙·梅

／宋·李清照

庭院深深深几许，云窗雾阁春迟。为谁憔悴损芳姿。夜来清梦好，应是发南枝。

玉瘦檀轻无限恨，南楼羌管休吹。浓香吹尽有谁知。暖风迟日也，别到杏花时。

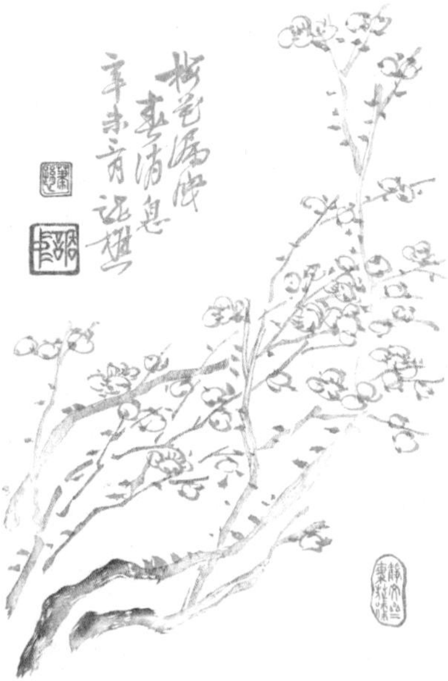

26 星期五
农历腊月初十

白梅 / 元·王冕

冰雪林中著此身，不同桃李混芳尘。
忽然一夜清香发，散作乾坤万里春。

三年除夜 / 唐·白居易

晰晰燎火光，氲氲腊酒香。嗤嗤童稚戏，迢迢岁夜长。
堂上书帐前，长幼合成行。以我年最长，次第来称觞。
七十期渐近，万缘心已忘。不唯少欢乐，兼亦无悲伤。
素屏应居士，青衣侍孟光。夫妻老相对，各坐一绳床。

28 星期日
农历腊月十二

谒金门 / 唐·韦庄

春雨足，染就一溪新绿。柳外飞来双羽玉，弄晴相对浴。
楼外翠帘高轴，倚遍阑干几曲。云淡水平烟树簇，寸心千里目。

星期一 29
农历腊月十三

虞美人 / 南唐·李煜

风回小院庭芜绿，柳眼春相续。
凭阑半日独无言，依旧竹声新月似当年。
笙歌未散尊前在，池面冰初解。
烛明香暗画楼深，满鬓清霜残雪思难任。

30 星期二
农历腊月十四

卜算子·咏梅 ╲ 宋·陆游

驿外断桥边，寂寞开无主。已是黄昏独自愁，更著风和雨。
无意苦争春，一任群芳妒。零落成泥碾作尘，只有香如故。

星期三 31
农历腊月十五

泊船瓜洲 / 宋·王安石

京口瓜洲一水间，钟山只隔数重山。
春风又绿江南岸，明月何时照我还？

二月

送元二使安西 / 唐·王维

渭城朝雨浥轻尘，客舍青青柳色新。
劝君更尽一杯酒，西出阳关无故人。

02 星期五
农历腊月十七

凉州词 / 唐·王之涣

黄河远上白云间，一片孤城万仞山。
羌笛何须怨杨柳，春风不度玉门关。

立春偶成 / 宋 · 张栻

律回岁晚冰霜少，春到人间草木知。
便觉眼前生意满，东风吹水绿参差。

04 星期日
农历腊月十九

立春

唐·杜甫

春日春盘细生菜，忽忆两京全盛时。
盘出高门行白玉，菜传纤手送青丝。
巫峡寒江那对眼，杜陵远客不胜悲。
此身未知归定处，呼儿觅纸一题诗。

立春

江南春 / 宋·寇准

波渺渺，柳依依。孤村芳草远，斜日杏花飞。
江南春尽离肠断，蘋满汀洲人未归。

06 星期二
农历腊月廿一

城东早春 / 唐 · 杨巨源

诗家清景在新春，绿柳才黄半未匀。
若待上林花似锦，出门俱是看花人。

星期三 07
农历腊月廿二

清平乐 / 南唐·李煜

别来春半，触目柔肠断。砌下落梅如雪乱，拂了一身还满。
雁来音信无凭，路遥归梦难成。离恨恰如春草，更行更远还生。

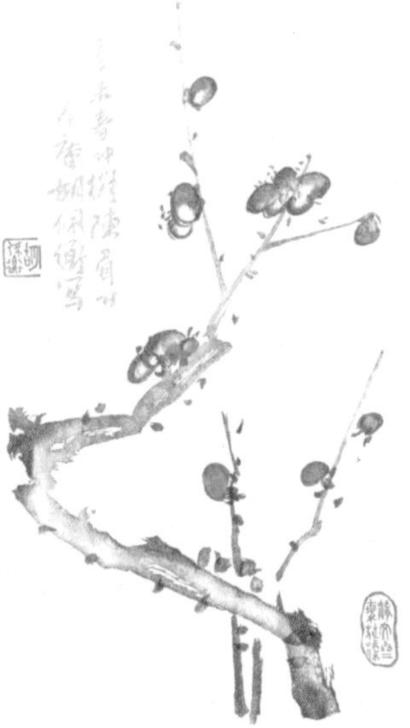

08 星期四

农历腊月廿三　小年

菩萨蛮 / 唐 · 韦庄

人人尽说江南好，游人只合江南老。
春水碧于天，画船听雨眠。
垆边人似月，皓腕凝霜雪。
未老莫还乡，还乡须断肠。

赋得古原草送别 / 唐 · 白居易

离离原上草，一岁一枯荣。
野火烧不尽，春风吹又生。
远芳侵古道，晴翠接荒城。
又送王孙去，萋萋满别情。

10 星期六
农历腊月廿五

闺怨 / 唐·王昌龄

闺中少妇不知愁，春日凝妆上翠楼。
忽见陌头杨柳色，悔教夫婿觅封侯。

游园不值 / 宋·叶绍翁

应怜屐齿印苍苔，小扣柴扉久不开。
春色满园关不住，一枝红杏出墙来。

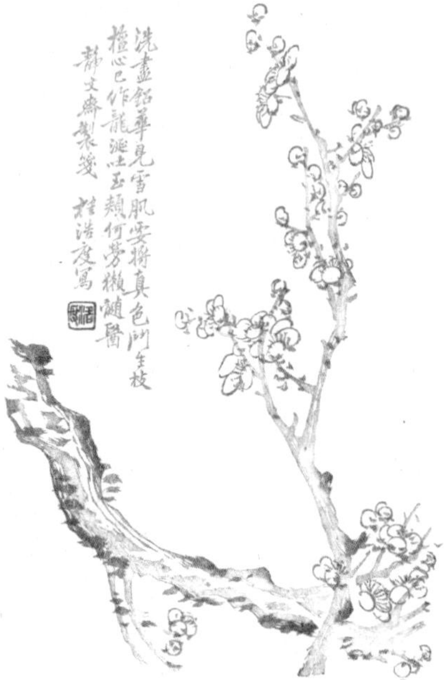

12 星期一

农历腊月廿七

江神子 / 宋 · 谢逸

杏花村馆酒旗风。水溶溶，飏残红。野渡舟横，杨柳绿阴浓。望断江南山色远，人不见，草连空。

夕阳楼外晚烟笼。粉香融，淡眉峰。记得年时，相见画屏中。只有关山今夜月，千里外，素光同。

新雷 / 清·张维屏

造物无言却有情，每于寒尽觉春生。
千红万紫安排著，只待新雷第一声。

14 星期三
农历腊月廿九　情人节

晦日呈诸判官 ／ 唐·韩滉

晦日新晴春色娇，万家攀折渡长桥。
年年老向江城寺，不觉春风换柳条。

星期四 15

农历腊月三十　除夕

小重山·立春日欲雪　/　宋·毛滂

谁劝东风腊里来。不知天待雪，恼江梅。
东郊寒色尚排徊。双彩燕，飞傍鬓云堆。
玉冷晓妆台。宜春金缕字，拂香腮。
红罗先绣踏青鞋。春犹浅，花信更须催。

春

壹

柳月

东风解冻，蛰虫始振，鱼上冰，獭祭鱼，鸿雁来。天气下降，地气上腾，天地和同，草木萌动。

元夕 / 宋·王安石

爆竹声中一岁除，春风送暖入屠苏。
千门万户曈曈日，总把新桃换旧符。

17 星期六
农历正月初二

天净沙·春 / 元·白朴

春山暖日和风，阑干楼阁帘栊，杨柳秋千院中。啼莺舞燕，小桥流水飞红。

星期日 18
农历正月初三

绝句 / 宋·僧志南

古木阴中系短篷，杖藜扶我过桥东。
沾衣欲湿杏花雨，吹面不寒杨柳风。

19 星期一
农历正月初四

早春呈水部张十八员外 / 唐 · 韩愈

天街小雨润如酥，草色遥看近却无。
最是一年春好处，绝胜烟柳满皇都。

雨水

星期二 20
农历正月初五

咏柳 / 唐·贺知章

碧玉妆成一树高，万条垂下绿丝绦。
不知细叶谁裁出，二月春风似剪刀。

21

星期三

农历正月初六

更漏子　/　唐 · 温庭筠

柳丝长，春雨细，花外漏声迢递。
惊塞雁，起城乌，画屏金鹧鸪。
香雾薄，透帘幕，惆怅谢家池阁。
红烛背，绣帘垂，梦长君不知。

星期四 22
农历正月初七

陌上花 / 宋 · 苏轼

陌上花开蝴蝶飞，江山犹似昔人非。
遗民几度垂垂老，游女长歌缓缓归。

23 星期五
农历正月初八

踏莎行 / 宋 · 欧阳修

候馆梅残，溪桥柳细。草薰风暖摇征辔。
离愁渐远渐无穷，迢迢不断如春水。
寸寸柔肠，盈盈粉泪。楼高莫近危阑倚。
平芜尽处是春山，行人更在春山外。

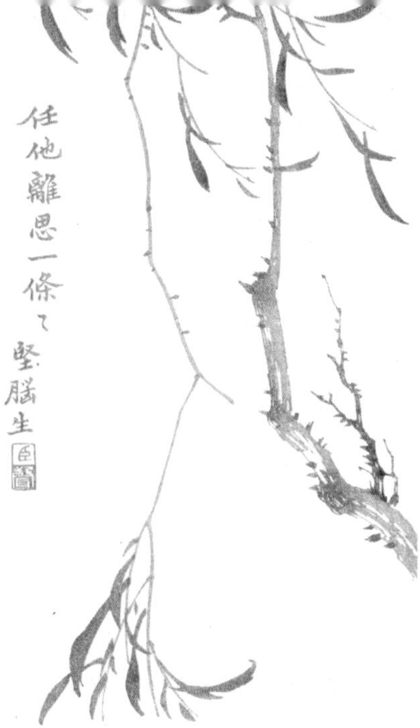

星期六 24
农历正月初九

春日京中有怀 / 唐 · 杜审言

今年游寓独游秦，愁思看春不当春。
上林苑里花徒发，细柳营前叶漫新。
公子南桥应尽兴，将军西第几留宾。
寄语洛城风日道，明年春色倍还人。

25 星期日
农历正月初十

春夜喜雨 / 唐·杜甫

好雨知时节，当春乃发生。
随风潜入夜，润物细无声。
野径云俱黑，江船火独明。
晓看红湿处，花重锦官城。

星期一 **26**
农历正月十一

春夜 / 宋·王安石

金炉香烬漏声残，剪剪轻风阵阵寒。
春色恼人眠不得，月移花影上栏杆。

27 星期二
农历正月十二

杏花村 / 佚名

杏花村里杏花酒，风雨声中风雨楼。
不见鸿雁传书来，只见伊人泪长流。

柳枝词 / 唐·何希尧

大堤杨柳雨沉沉，万缕千条惹恨深。
飞絮满天人去远，东风无力系春心。

三月

星期四 **01**
农历正月十四

青玉案·元夕 / 宋·辛弃疾

东风夜放花千树，更吹落，星如雨。宝马雕车香满路，凤箫声动，玉壶光转，一夜鱼龙舞。
蛾儿雪柳黄金缕，笑语盈盈暗香去。众里寻他千百度，蓦然回首，那人却在，灯火阑珊处。

02 星期五

农历正月十五　元宵节

生查子·元夕 / 宋·欧阳修

去年元夜时，花市灯如昼。月上柳梢头，人约黄昏后。

今年元夜时，月与灯依旧。不见去年人，泪湿春衫袖。

古蟾宫·元宵 \ 明·王磐

听元宵，往岁喧哗，歌也千家，舞也千家。听元宵，今岁嗟呀，愁也千家，怨也千家。那里有闹红尘香车宝马？只不过送黄昏古木寒鸦。诗也消乏，酒也消乏，冷落了春风，憔悴了梅花。

04 星期日
农历正月十七

苏溪亭 / 唐·戴叔伦

苏溪亭上草漫漫，谁倚东风十二阑？
燕子不归春事晚，一汀烟雨杏花寒。

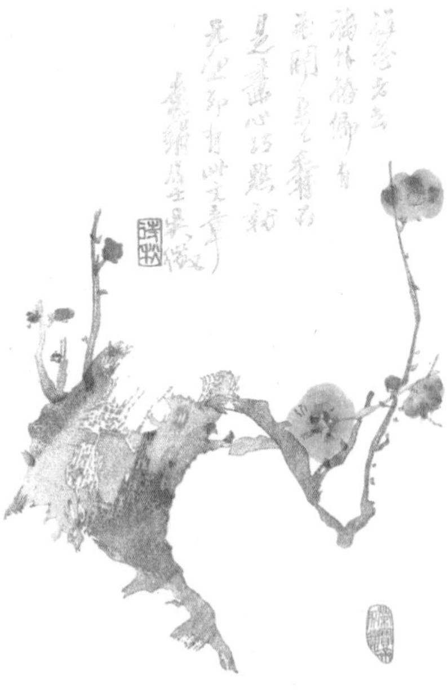

月夜 / 唐·刘方平

更深月色半人家，北斗阑干南斗斜。
今夜偏知春气暖，虫声新透绿窗纱。

06 星期二
农历正月十九

谒金门 / 南唐·冯延巳

风乍起，吹皱一池春水。闲引鸳鸯香径里，手挼红杏蕊。
斗鸭阑干独倚，碧玉搔头斜坠。终日望君君不至，举头闻鹊喜。

星期三 07
农历正月二十

临安春雨初霁 / 宋·陆游

世味年来薄似纱，谁令骑马客京华。
小楼一夜听春雨，深巷明朝卖杏花。
矮纸斜行闲作草，晴窗细乳戏分茶。
素衣莫起风尘叹，犹及清明可到家。

08 星期四
农历正月廿一　妇女节

玉楼春 ／ 宋·欧阳修

尊前拟把归期说，欲语春容先惨咽。
人生自是有情痴，此恨不关风与月。
离歌且莫翻新阕，一曲能教肠寸结。
直须看尽洛城花，始共春风容易别。

星期五 09
农历正月廿二

雨晴 / 唐·王驾

雨前初见花间蕊，雨后全无叶底花。
蜂蝶纷纷过墙去，却疑春色在邻家。

10 星期六
农历正月廿三

北陂杏花 / 宋·王安石

一陂春水绕花身，身影妖娆各占春。
纵被东风吹作雪，绝胜南陌碾成尘。

星期日 **11**

农历正月廿四

木兰花 / 宋·晏几道

风帘向晓寒成阵，来报东风消息近。
试从梅蒂紫边寻，更绕柳枝柔处问。
来迟不是春无信，开晚却疑花有恨。
又应添得几分愁，二十五弦弹未尽。

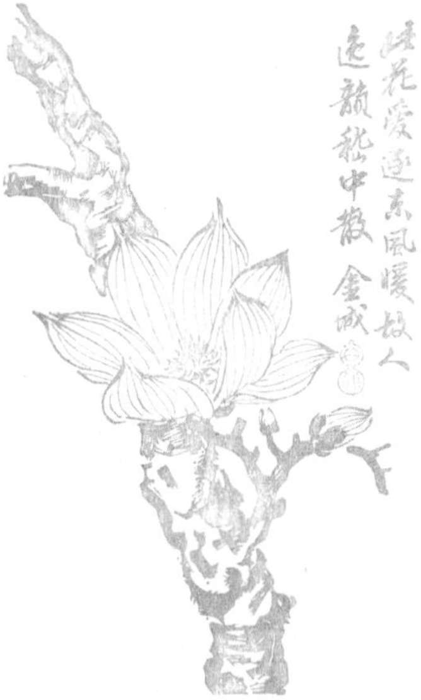

12 星期一
农历正月廿五

蝶恋花

╲宋·柳永

伫倚危楼风细细，望极春愁，黯黯生天际。草色烟光残照里，无言谁会凭阑意。
拟把疏狂图一醉，对酒当歌，强乐还无味。衣带渐宽终不悔，为伊消得人憔悴。

踏莎行·郴州旅舍

／宋·秦观

雾失楼台，月迷津渡，桃源望断无寻处。可堪孤馆闭春寒，杜鹃声里斜阳暮。

驿寄梅花，鱼传尺素，砌成此恨无重数。郴江幸自绕郴山，为谁流下潇湘去？

星期二 13

农历正月廿六

14 星期三
农历正月廿七

途中见杏花 / 唐·吴融

一枝红艳出墙头，墙外行人正独愁。
长得看来犹有恨，可堪逢处更难留。
林空色暝莺先到，春浅香寒蝶未游。
更忆帝乡千万树，澹烟笼日暗神州。

星期四
农历正月廿八
15

阮郎归

／宋·欧阳修

南园春半踏青时，风和闻马嘶。青梅如豆柳如眉，日长蝴蝶飞。
花露重，草烟低，人家帘幕垂。秋千慵困解罗衣，画堂双燕归。

16 星期五
农历正月廿九

春思 / 唐·李白

燕草如碧丝，秦桑低绿枝。
当君怀归日，是妾断肠时。
春风不相识，何事入罗帏？

春

贰

杏月

始雨水，桃始华，仓庚鸣，鹰化为鸠。玄鸟至，日夜分，雷乃发声，始电，蛰虫咸动，启户始出。

17 星期六
农历二月初一

风入松 / 宋 · 俞国宝

一春长费买花钱，日日醉湖边。
玉骢惯识西湖路，骄嘶过、沽酒楼前。
红杏香中箫鼓，绿杨影里秋千。
暖风十里丽人天，花压鬓云偏。
画船载取春归去，余情付、湖水湖烟。
明日重扶残醉，来寻陌上花钿。

玉楼春 / 宋·宋祁

东城渐觉风光好，縠皱波纹迎客棹。
绿杨烟外晓寒轻，红杏枝头春意闹。
浮生长恨欢娱少，肯爱千金轻一笑。
为君持酒劝斜阳，且向花间留晚照。

19 星期一
农历二月初三

寄人 / 唐 · 张泌

别梦依依到谢家，小廊回合曲阑斜。
多情只有春庭月，犹为离人照落花。

虞美人 ／ 南唐·李煜

春花秋月何时了？往事知多少。
小楼昨夜又东风，故国不堪回首月明中。
雕栏玉砌应犹在，只是朱颜改。
问君能有几多愁？恰似一江春水向东流。

21 星期三
农历二月初五

一剪梅·舟过吴江 / 宋·蒋捷

一片春愁诗酒浇。江上舟摇，楼上帘招。
秋娘渡与泰娘桥，风又飘飘，雨又萧萧。
何日归家洗客袍？银字笙调，心字香烧。
流光容易把人抛，红了樱桃，绿了芭蕉。

春分

星期四 22
农历二月初六

临江仙·柳絮 / 清·曹雪芹

白玉堂前春解舞，东风卷得均匀。蜂围蝶阵乱纷纷。
几曾随逝水？岂必委芳尘？
万缕千丝终不改，任他随聚随分。韶华休笑本无根。
好风凭借力，送我上青云。

23 星期五
农历二月初七

武陵春·春晚

／宋·李清照

风住尘香花已尽，日晚倦梳头。物是人非事事休，欲语泪先流。

闻说双溪春尚好，也拟泛轻舟。只恐双溪舴艋舟，载不动许多愁。

生查子 / 唐·牛希济

春山烟欲收，天澹星稀小。残月脸边明，别泪临清晓。

语已多，情未了，回首犹重道：记得绿罗裙，处处怜芳草。

25 星期日

农历二月初九

采桑子 / 宋 · 欧阳修

群芳过后西湖好，狼藉残红，飞絮濛濛。垂柳阑干尽日风。

笙歌散尽游人去，始觉春空。垂下帘栊，双燕归来细雨中。

浣溪沙 / 宋·晏殊

一向年光有限身，等闲离别易销魂。酒筵歌席莫辞频。
满目山河空念远，落花风雨更伤春。不如怜取眼前人。

27 星期二
农历二月十一

青玉案 / 宋·贺铸

凌波不过横塘路，但目送、芳尘去。
锦瑟华年谁与度？月桥花院，琐窗朱户，只有春知处。
飞云冉冉蘅皋暮，彩笔新题断肠句。
试问闲愁都几许？一川烟草，满城风絮，梅子黄时雨。

蝶恋花 / 宋 · 欧阳修

庭院深深深几许，杨柳堆烟，帘幕无重数。
玉勒雕鞍游冶处，楼高不见章台路。
雨横风狂三月暮，门掩黄昏，无计留春住。
泪眼问花花不语，乱红飞过秋千去。

29 星期四
农历二月十三

风入松 / 宋·吴文英

听风听雨过清明，愁草瘗花铭。
楼前绿暗分携路，一丝柳、一寸柔情。
料峭春寒中酒，交加晓梦啼莺。
西园日日扫林亭，依旧赏新晴。
黄蜂频扑秋千索，有当时、纤手香凝。
惆怅双鸳不到，幽阶一夜苔生。

星期五 30
农历二月十四

惠崇春江晚景 / 宋 · 苏轼

竹外桃花三两枝，春江水暖鸭先知。
蒌蒿满地芦芽短，正是河豚欲上时。

31 星期六
农历二月十五

清江引·春思

\ 元·张可久

黄莺乱啼门外柳，雨细清明后。能消几日春，又是相思瘦。梨花小窗人病酒。

蕉聽夜雨
縵卿為紫錄裝等

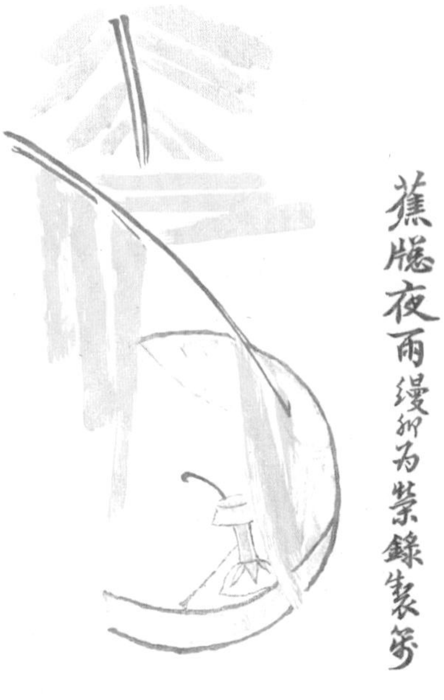

01 星期日
农历二月十六

一张机 / 佚名

采桑陌上试春衣，风晴日暖慵无力。
桃花枝上，啼莺言语，不肯放人归。

星期一 02
农历二月十七

清明 / 宋·王禹偁

无花无酒过清明，兴味萧然似野僧。
昨日邻家乞新火，晓窗分与读书灯。

03 星期二
农历二月十八

清明日对酒 / 宋·高翥

南北山头多墓田，清明祭扫各纷然。
纸灰飞作白蝴蝶，泪血染成红杜鹃。
日落狐狸眠冢上，夜归儿女笑灯前。
人生有酒须当醉，一滴何曾到九泉。

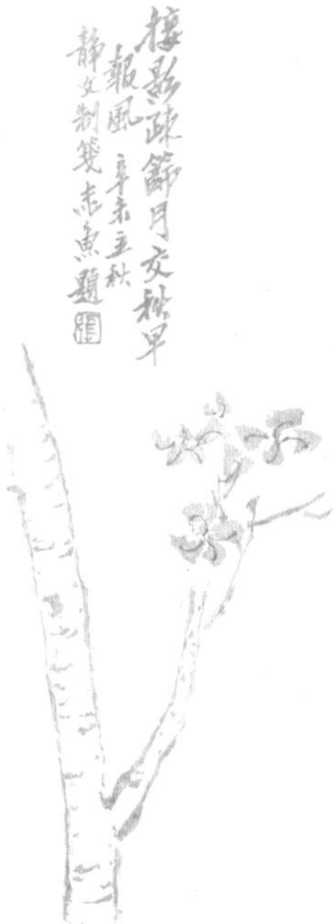

寒食 / 唐 · 韩翃

春城无处不飞花，寒食东风御柳斜。
日暮汉宫传蜡烛，轻烟散入五侯家。

05 星期四
农历二月二十

破阵子·春景 / 宋·晏殊

燕子来时新社，梨花落后清明。
池上碧苔三四点，叶底黄鹂一两声。
日长飞絮轻。
巧笑东邻女伴，采桑径里逢迎。
疑怪昨宵春梦好，元是今朝斗草赢。
笑从双脸生。

清明

菩萨蛮 / 唐·温庭筠

南园满地堆轻絮，愁闻一霎清明雨。雨后却斜阳，杏花零落香。
无言匀睡脸，枕上屏山掩。时节欲黄昏，无憀独闲门。

07 星期六
农历二月廿二

春思 / 唐·贾至

草色青青柳色黄，桃花历乱李花香。
东风不为吹愁去，春日偏能惹恨长。

星期日 08
农历二月廿三

题都城南庄 / 唐·崔护

去年今日此门中，人面桃花相映红。
人面不知何处去，桃花依旧笑春风。

09 星期一
农历二月廿四

蝶恋花·春景

／宋·苏轼

花褪残红青杏小。燕子飞时，绿水人家绕。枝上柳绵吹又少，天涯何处无芳草！

墙里秋千墙外道。墙外行人，墙里佳人笑。笑渐不闻声渐悄，多情却被无情恼。

渔歌子 / 唐·张志和

西塞山前白鹭飞，桃花流水鳜鱼肥。
青箬笠，绿蓑衣，斜风细雨不须归。

11 星期三
农历二月廿六

春行即兴 / 唐 · 李华

宜阳城下草萋萋，涧水东流复向西。
芳树无人花自落，春山一路鸟空啼。

星期四　12
农历二月廿七

临江仙

╲ 宋·晏几道

梦后楼台高锁，酒醒帘幕低垂。去年春恨却来时，落花人独立，微雨燕双飞。

记得小蘋初见，两重心字罗衣。琵琶弦上说相思，当时明月在，曾照彩云归。

13 星期五
农历二月廿八

钗头凤 / 宋·陆游

红酥手，黄縢酒，满城春色宫墙柳。
东风恶，欢情薄。一怀愁绪，几年离索。错、错、错。
春如旧，人空瘦，泪痕红浥鲛绡透。
桃花落，闲池阁。山盟虽在，锦书难托。莫、莫、莫！

星期六 14
农历二月廿九

春词 / 唐·刘禹锡

新妆宜面下朱楼，深锁春光一院愁。
行到中庭数花朵，蜻蜓飞上玉搔头。

15 星期日
农历二月三十

鹧鸪天 / 宋 · 晏几道

彩袖殷勤捧玉钟，当年拚却醉颜红。
舞低杨柳楼心月，歌尽桃花扇底风。
从别后，忆相逢，几回魂梦与君同。
今宵剩把银釭照，犹恐相逢是梦中。

春

叁

桃月

桐始华，田鼠化为鴽，虹始见，萍始生。生气方盛，阳气发泄，生者毕出，萌者尽达。

16 星期一
农历三月初一

江南春绝句 / 唐·杜牧

千里莺啼绿映红，水村山郭酒旗风。
南朝四百八十寺，多少楼台烟雨中。

星期二
农历三月初二
17

玉楼春·春恨 \ 宋·晏殊

绿杨芳草长亭路，年少抛人容易去。楼头残梦五更钟，花底离愁三月雨。
无情不似多情苦，一寸还成千万缕。天涯地角有穷时，只有相思无尽处。

18 星期三
农历三月初三

一剪梅 / 明·唐寅

雨打梨花深闭门，忘了青春，误了青春。
赏心乐事共谁论？花下销魂，月下销魂。
愁聚眉峰尽日颦，千点啼痕，万点啼痕。
晓看天色暮看云，行也思君，坐也思君。

星期四 19
农历三月初四

鹊踏枝 ╲ 南唐·冯延巳

几日行云何处去？忘了归来，不道春将暮。百草千花寒食路，香车系在谁家树？

泪眼倚楼频独语，双燕来时，陌上相逢否？撩乱春愁如柳絮，依依梦里无寻处。

20 星期五
农历三月初五

送春 / 宋·王令

三月残花落更开，小檐日日燕飞来。
子规夜半犹啼血，不信东风唤不回。

谷雨

星期六 21
农历三月初六

摸鱼儿 / 宋 · 辛弃疾

更能消、几番风雨，匆匆春又归去。
惜春长怕花开早，何况落红无数。
春且住，见说道、天涯芳草无归路。
怨春不语。算只有殷勤，画檐蛛网，尽日惹飞絮。
长门事，准拟佳期又误。蛾眉曾有人妒。
千金纵买相如赋，脉脉此情谁诉？
君莫舞，君不见、玉环飞燕皆尘土！
闲愁最苦，休去倚危栏，斜阳正在，烟柳断肠处。

22 星期日
农历三月初七

春怨 / 唐 · 刘方平

纱窗日落渐黄昏，金屋无人见泪痕。
寂寞空庭春欲晚，梨花满地不开门。

星期一 23
农历三月初八

忆江南 / 唐 · 白居易

江南好，风景旧曾谙。
日出江花红胜火，春来江水绿如蓝。能不忆江南？

24 星期二
农历三月初九

卜算子·送鲍浩然之浙东 / 宋·王观

水是眼波横，山是眉峰聚。欲问行人去那边？眉眼盈盈处。
才始送春归，又送君归去。若到江南赶上春，千万和春住。

清平乐 / 宋·黄庭坚

春归何处。寂寞无行路。若有人知春去处，唤取归来同住。
春无踪迹谁知？除非问取黄鹂。百啭无人能解，因风飞过蔷薇。

26 星期四
农历三月十一

天仙子 / 宋 · 张先

水调数声持酒听，午醉醒来愁未醒。送春春去几时回？
临晚镜，伤流景，往事后期空记省。
沙上并禽池上暝，云破月来花弄影。重重帘幕密遮灯。
风不定，人初静，明日落红应满径。

浪淘沙 / 南唐·李煜

帘外雨潺潺，春意阑珊，罗衾不耐五更寒。梦里不知身是客，一晌贪欢。
独自莫凭栏，无限江山，别时容易见时难。流水落花春去也，天上人间。

28 星期六
农历三月十三

阮郎归·初夏 / 宋·苏轼

绿槐高柳咽新蝉，薰风初入弦。碧纱窗下水沉烟，棋声惊昼眠。
微雨过，小荷翻，榴花开欲燃。玉盆纤手弄清泉，琼珠碎却圆。

星期日 29
农历三月十四

小池

＼ 宋·杨万里

泉眼无声惜细流，树阴照水爱晴柔。
小荷才露尖尖角，早有蜻蜓立上头。

30 星期一
农历三月十五

山亭夏日 / 唐 · 高骈

绿树阴浓夏日长，楼台倒影入池塘。
水晶帘动微风起，满架蔷薇一院香。

五月

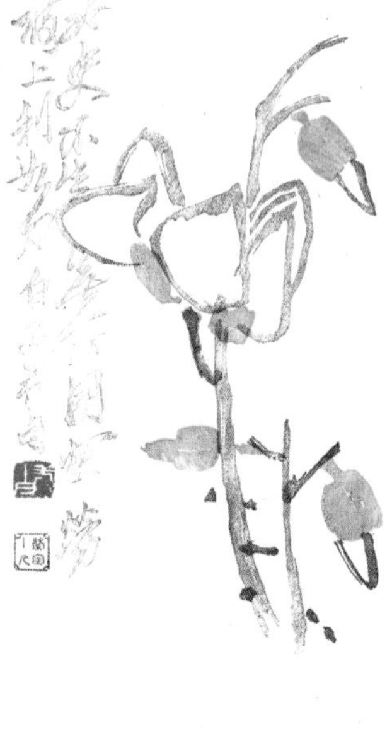

01 星期二

农历三月十六　劳动节

闲居初夏午睡起　/　宋·杨万里

梅子留酸软齿牙，芭蕉分绿与窗纱。
日长睡起无情思，闲看儿童捉柳花。

星期三 02
农历三月十七

首夏山中行吟 ╲ 明·祝允明

梅子青，梅子黄，菜肥麦熟养蚕忙。
山僧过岭看茶老，村女当垆煮酒香。

03 星期四

农历三月十八

阮郎归·立夏 \ 明·张大烈

绿阴铺野换新光，薰风初昼长。小荷贴水点横塘，蝶衣晒粉忙。

茶鼎熟，酒卮扬，醉来诗兴狂。燕雏似惜落花香，双衔归画梁。

星期五 04

农历三月十九　青年节

立夏前一日有赋

\ 明·杨基

渐老绿阴天，无家怙杜鹃。
东风有今夜，芳草又明年。
蚕熟新丝后，茶香煮酒前。
都将南浦恨，聊寄北窗眠。

05 星期六
农历三月二十

立夏 / 宋 · 赵友直

四时天气促相催，一夜薰风带暑来。
陇亩日长蒸翠麦，园林雨过熟黄梅。
莺啼春去愁千缕，蝶恋花残恨几回。
睡起南窗情思倦，闲看槐荫满亭台。

立夏

立夏日晚过丁卿草堂 / 明 · 张掞

江上茅堂柳四垂，又逢旅次过春时。
雨多苔蚀悬琴壁，水满蛙生洗砚池。
风浦萧萧帆过疾，烟空漠漠鸟来迟。
避喧心事何人解，窗下幽篁许独知。

07 星期一
农历三月廿二

山中立夏用坐客韵 / 宋 · 文天祥

归来泉石国，日月共溪翁。
夏气重渊底，春光万象中。
穷吟到云黑，淡饮胜裙红。
一阵弦声好，人间解愠风。

星期二 08
农历三月廿三

夏日田园杂兴 / 宋·范成大

梅子金黄杏子肥，麦花雪白菜花稀。
日长篱落无人过，惟有蜻蜓蛱蝶飞。

09 星期三
农历三月廿四

四月旦作时立夏已十余日 / 宋·陆游

京尘相值各匆忙，谁信闲人日月长？
争叶蚕饥闹风雨，趁虚茶懒斗旗枪。
林中晚笋供厨美，庭下新桐覆井凉。
堪笑山家太早计，已陈竹几与藤床。

星期四 10
农历三月廿五

纳凉 / 宋·秦观

携杖来追柳外凉，画桥南畔倚胡床。
月明船笛参差起，风定池莲自在香。

11 星期五
农历三月廿六

夏日南亭怀辛大 / 唐·孟浩然

山光忽西落，池月渐东上。
散发乘夕凉，开轩卧闲敞。
荷风送香气，竹露滴清响。
欲取鸣琴弹，恨无知音赏。
感此怀故人，中宵劳梦想。

星期六 12
农历三月廿七

夏意 / 宋 · 苏舜钦

别院深深夏席清，石榴开遍透帘明。
树阴满地日当午，梦觉流莺时一声。

13 星期日
农历三月廿八

乡村四月 / 宋 · 翁卷

绿遍山原白满川，子规声里雨如烟。
乡村四月闲人少，才了蚕桑又插田。

星期一 14
农历三月廿九

烛影摇红·松窗午梦初觉

╲ 宋·毛滂

一亩清阴，半天潇洒松窗午。床头秋色小屏山，碧帐垂烟缕。
枕畔风摇绿户，唤人醒、不教梦去。可怜恰到，瘦石寒泉，冷云幽处。

夏

肆

槐月

蝼蝈鸣，蚯蚓出，王瓜生，苦菜秀。继长增高，聚蓄百药。

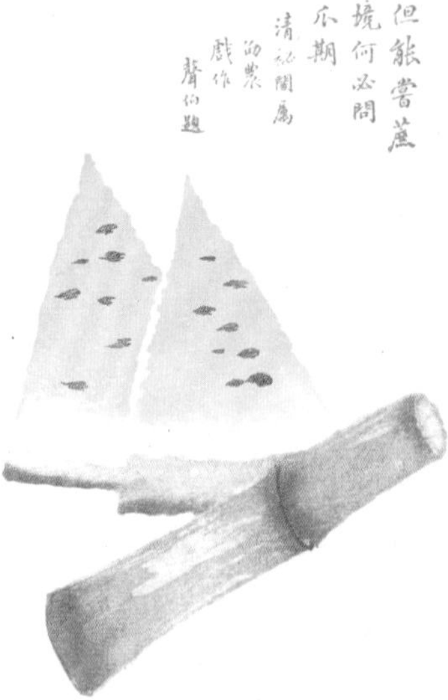

星期二 15
农历四月初一

子规 / 唐 · 吴融

举国繁华委逝川，羽毛飘荡一年年。
他山叫处花成血，旧苑春来草似烟。
雨暗不离浓绿树，月斜长吊欲明天。
湘江日暮声凄切，愁杀行人归去船。

16 星期三
农历四月初二

夏日登车盖亭 / 宋·蔡确

纸屏石枕竹方床，手倦抛书午梦长。
睡起莞然成独笑，数声渔笛在沧浪。

客中初夏 / 宋·司马光

四月清和雨乍晴，南山当户转分明。
更无柳絮因风起，惟有葵花向日倾。

18 星期五
农历四月初四

初夏游张园 / 宋·戴复古

乳鸭池塘水浅深，熟梅天气半晴阴。
东园载酒西园醉，摘尽枇杷一树金。

满庭芳 / 宋·周邦彦

风老莺雏，雨肥梅子，午阴佳树清圆。地卑山近，衣润费炉烟。人静乌鸢自乐，小桥外、新淥溅溅。凭阑久，黄芦苦竹，疑泛九江船。

年年，如社燕，漂流瀚海，来寄修椽。且莫思身外，长近尊前。憔悴江南倦客，不堪听、急管繁弦。歌筵畔，先安簟枕，容我醉时眠。

20 星期日
农历四月初六

夏日书帐 / 清·陈淑兰

帘幕风微日正长，庭前一片芰荷香。
人传郎在梧桐树，妾愿将身化凤凰。

浣溪沙 / 宋·晏殊

玉碗冰寒滴露华，粉融香雪透轻纱。晚来妆面胜荷花。
鬓亸欲迎眉际月，酒红初上脸边霞。一场春梦日西斜。

小满

22 星期二
农历四月初八

临江仙 / 宋 · 欧阳修

柳外轻雷池上雨，雨声滴碎荷声。
小楼西角断虹明。阑干倚处，待得月华生。
燕子飞来窥画栋，玉钩垂下帘旌。
凉波不动簟纹平。水精双枕，傍有堕钗横。

忆王孙·夏词 / 宋·李重元

风蒲猎猎小池塘。过雨荷花满院香。
沈李浮瓜冰雪凉。竹方床。针线慵拈午梦长。

24 星期四
农历四月初十

夏词

／ 清·智生

炎威天气日偏长，汗湿轻罗倚画窗。
蜂蝶不知春已去，又衔花瓣到兰房。

即景 / 宋·朱淑真

竹摇清影罩幽窗，两两时禽噪夕阳。
谢却海棠飞尽絮，困人天气日初长。

26 星期六
农历四月十二

浣溪沙 / 宋 · 周邦彦

翠葆参差竹径成，新荷跳雨泪珠倾。曲阑斜转小池亭。
风约帘衣归燕急，水摇扇影戏鱼惊。柳梢残日弄微晴。

酒泉子 / 清·纳兰性德

谢却荼蘼，一片月明如水。篆香消，犹未睡，早鸦啼。
嫩寒无赖罗衣薄，休傍阑干角。最愁人，灯欲落，雁还飞。

28 星期一
农历四月十四

题榴花 / 唐 · 韩愈

五月榴花照眼明，枝间时见子初成。
可怜此地无车马，颠倒青苔落绛英。

山坡羊·西湖杂咏·夏 / 元·薛昂夫

晴云轻漾，薰风无浪，开樽避暑争相向。
映湖光，逞新妆，笙歌鼎沸南湖荡。
今夜且休回画舫。风，满座凉；莲，入梦香。

30 星期三
农历四月十六

约客 ╲ 宋·赵师秀

黄梅时节家家雨，青草池塘处处蛙。
有约不来过夜半，闲敲棋子落灯花。

星期四 **31**

农历四月十七

夏夜宿表兄话旧 / 唐·窦叔向

夜合花开香满庭，夜深微雨醉初醒。
远书珍重何曾达，旧事凄凉不可听。
去日儿童皆长大，昔年亲友半凋零。
明朝又是孤舟别，愁见河桥酒幔青。

六月

渔家傲　/　宋·欧阳修

五月榴花妖艳烘，绿杨带雨垂垂重，五色新丝缠角粽。
金盘送，生绡画扇盘双凤。
正是浴兰时节动，菖蒲酒美清尊共，叶里黄鹂时一弄。
犹瞢忪，等闲惊破纱窗梦。

02 星期六

农历四月十九

子规啼 / 唐 · 韦应物

高林滴露夏夜清，南山子规啼一声。
邻家孀妇抱儿泣，我独展转何时明。

星期日 03
农历四月二十

黄鹤楼闻笛 / 唐·李白

一为迁客去长沙，西望长安不见家。
黄鹤楼中吹玉笛，江城五月落梅花。

04 星期一
农历四月廿一

新晴 / 宋 · 刘攽

青苔满地初晴后，绿树无人昼梦余。
唯有南风旧相识，偷开门户又翻书。

星期二 05
农历四月廿二

早夏晓兴赠梦得 / 唐·白居易

窗明帘薄透朝光，卧整巾簪起下床。
背壁灯残经宿焰，开箱衣带隔年香。
无情亦任他春去，不醉争销得昼长？
一部清商一壶酒，与君明日暖新堂。

06 星期三
农历四月廿三

北固晚眺 / 唐 · 窦常

水国芒种后，梅天风雨凉。
露蚕开晚簇，江燕绕危樯。
山趾北来固，潮头西去长。
年年此登眺，人事几销亡。

芒种

星期四 **07**

农历四月廿四

新凉 / 宋 · 徐玑

水满田畴稻叶齐，日光穿树晓烟低。

黄莺也爱新凉好，飞过青山影里啼。

08 星期五
农历四月廿五

庆清朝·榴花 / 宋·王沂孙

玉局歌残，金陵句绝，年年负却熏风。
西邻窈窕，独怜入户飞红。
前度绿阴载酒，枝头色比舞裙同。
何须拟，蜡珠作蒂，缃彩成丛。
谁在旧家殿阁？自太真仙去，扫地春空。
朱幡护取，如今应误花工。
颠倒绛英满径，想无车马到山中。
西风后，尚余数点，犹胜春浓。

金明池·伤春 \ 宋·僧仲殊

天阔云高，溪横水远，晚日寒生轻晕。闲阶静、杨花渐少，朱门掩、莺声犹嫩。悔匆匆、过却清明，旋占得余芳，已成幽恨。都几日阴沉，连宵慵困，起来韶华都尽。

怨入双眉闲斗损。乍品得情怀，看承全近。深深态、无非自许，厌厌意、终羞人问。争知道、梦里蓬莱，待忘了余香，时传音信。纵留得莺花，东风不住，也则眼前愁闷。

10 星期日
农历四月廿七

花心动 / 宋 · 史浩

槐夏阴浓，笋成竿，红榴正堪攀折。
菖歜碎琼，角黍堆金，又赏一年佳节。
宝觥交劝殷勤愿，把玉腕，彩丝双结。
最好是、龙舟竞夺，锦标方彻。
此意凭谁向说。纷两岸，游人强生区别。
胜负既分，些个悲欢，过眼尽归休歇。
到头都是强阳气，初不悟，本无生灭。
见破底，何须更求指诀。

归国谣 / 宋·姚述尧

初夏好，雨过池塘荷盖小。绿阴庭院莺声悄。
朱帘隐隐笙歌早。沉烟袅，玉人笑拥金尊倒。

12 星期二
农历四月廿九

乌夜啼·石榴 / 明·刘铉

垂杨影里残红，甚匆匆。只有榴花、全不怨东风。
暮雨急，晓鸦湿，绿玲珑。比似茜裙初染、一般同。

星期三 13
农历四月三十

夏日杂兴 / 明·刘基

夏至阴生景渐催，百年已半亦堪哀。
葺鳞不入龙螭梦，铩羽何劳燕雀猜。
雨砌蝉花粘碧草，风檐萤火出苍苔。
细观景物宜消遣，寥落兼无浊酒杯。

夏

伍

榴月

小暑至，螳螂生，鵙始鸣，反舌无声。
鹿角解，蝉始鸣。半夏生，木堇荣。

夏至雨霁与陈履常暮行溪上 / 宋·杨万里

夕凉恰恰好溪行，暮色催人底急生。
半路蛙声迎步止，一荧松火隔篱明。

15 星期五
农历五月初二

虞美人

／ 宋·李廌

玉栏干外清江浦，渺渺天涯雨。好风如扇雨如帘，时见岸花汀草、涨痕添。

青林枕上关山路，卧想乘鸾处。碧芜千里思悠悠，惟有霎时凉梦、到南州。

星期六 16
农历五月初三

夏至 / 金·赵秉文

玉堂睡起苦思茶，别院铜轮碾露芽。
红日转阶帘影薄，一双蝴蝶上葵花。

17 星期日
农历五月初四

赠南都莫工部子良夏至斋宿署中 / 明·唐顺之

万乘亲郊幸北宫，千官斋祓两都同。
灵光正想泥封上，清梦遥依辇路通。
烟散玉炉知昼永，星分银烛坐宵中。
闻君已就汾阴赋，犹向周南叹不逢。

星期一 18

农历五月初五　端午节

夏至过东市 / 宋·洪咨夔

涨落平溪水见沙，绿阴两岸市人家。
晚风来去吹香远，蔌蔌冬青几树花。

19 星期二

农历五月初六

雨过山村　/　唐 · 王建

雨里鸡鸣一两家，竹溪村路板桥斜。
妇姑相唤浴蚕去，闲看中庭栀子花。

星期三 20
农历五月初七

咸阳值雨 / 唐·温庭筠

咸阳桥上雨如悬，万点空濛隔钓船。
还似洞庭春水色，晓云将入岳阳天。

21 星期四
农历五月初八

夏至日与太学同舍会葆真 / 宋·陈与义

明波影千柳，绀屋朝万荷。
物新感节移，意定觉景多。
游鱼聚亭影，镜面散微涡。
江湖岂在远，所欠雨一蓑。
忽看带箭禽，三叹无奈何。

夏至

夏至日雨 / 宋 · 袁说友

烟暝千岩木，溪明一带楼。
片云封旧恨，急雨罥新愁。
节又匆匆过，诗从轧轧抽。
病躯无耐暑，老鬓不禁秋。

23 星期六
农历五月初十

谒金门·五月雨

／ 明·陈子龙

莺啼处，摇荡一天疏雨。极目平芜人尽去，断红明碧树。
费得炉烟无数，只有轻寒难度。忽见西楼花影露，弄晴催薄暮。

昭君怨·咏荷上雨 / 宋·杨万里

午梦扁舟花底，香满西湖烟水。急雨打篷声，梦初惊。
却是池荷跳雨，散了真珠还聚。聚作水银窝，泻清波。

25 星期一

农历五月十二

夏至对雨柬程孺文 / 明 · 张正蒙

堂开垂柳下，默默坐移时。
岁序一阴长，愁心两鬓知。
雨檐蛛网重，风树雀巢欹。
惆怅无人见，深杯空自持。

苏幕遮 / 宋·周邦彦

燎沉香，消溽暑。鸟雀呼晴，侵晓窥檐语。
叶上初阳干宿雨，水面清圆，一一风荷举。
故乡遥，何日去？家住吴门，久作长安旅。
五月渔郎相忆否？小楫轻舟，梦入芙蓉浦。

27 星期三

农历五月十四

晓出净慈寺送林子方 / 宋 · 杨万里

毕竟西湖六月中，风光不与四时同。

接天莲叶无穷碧，映日荷花别样红。

星期四 28
农历五月十五

采莲曲 / 唐 · 王昌龄

荷叶罗裙一色裁，芙蓉向脸两边开。
乱入池中看不见，闻歌始觉有人来。

29 星期五
农历五月十六

踏莎行

／宋·贺铸

杨柳回塘，鸳鸯别浦。绿萍涨断莲舟路。断无蜂蝶慕幽香，红衣脱尽芳心苦。

返照迎潮，行云带雨。依依似与骚人语。当年不肯嫁春风，无端却被秋风误。

星期六 30
农历五月十七

【双调】得胜乐·夏 \ 元·白朴

酷暑天，葵榴发，喷鼻香十里荷花。
兰舟斜缆垂扬下，只宜铺枕簟向凉亭、披襟散发。

七月

檐唉華家辈出
花碗夫人謂処
係畫此最小者
白石

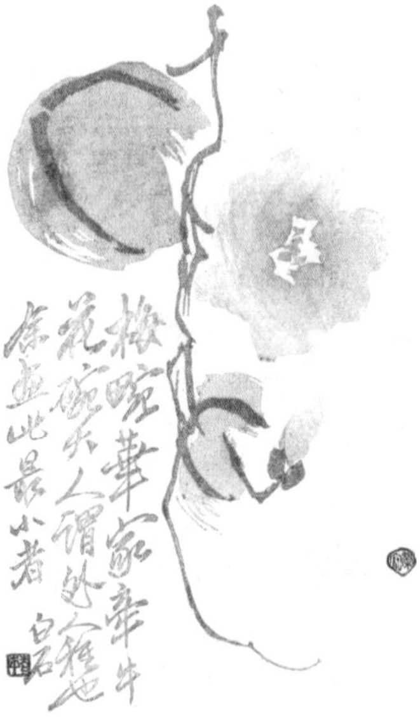

星期日 01

农历五月十八　建党节

夏日浮舟过陈大水亭　／　唐·孟浩然

水亭凉气多，闲棹晚来过。
涧影见松竹，潭香闻芰荷。
野童扶醉舞，山鸟助酣歌。
幽赏未云遍，烟光奈夕何。

02 星期一
农历五月十九

念奴娇 / 宋·姜夔

闹红一舸，记来时，尝与鸳鸯为侣，三十六陂人未到，水佩风裳无数。翠叶吹凉，玉容销酒，更洒菰蒲雨。嫣然摇动，冷香飞上诗句。

日暮，青盖亭亭，情人不见，争忍凌波去？只恐舞衣寒易落，愁入西风南浦。高柳垂阴，老鱼吹浪，留我花间住。田田多少，几回沙际归路。

星期二 03
农历五月二十

抛球乐 ╲ 南唐·冯延巳

逐胜归来雨未晴，楼前风重草烟轻。谷莺语软花边过，水调声长醉里听。款举金觥劝，谁是当筵最有情。

04 星期三
农历五月廿一

和答曾敬之秘书见招能赋堂烹茶 / 宋·晁补之

一碗分来百越春，玉溪小暑却宜人。
红尘它日同回首，能赋堂中偶坐身。

鹧鸪天·赏荷 / 金·蔡松年

秀樾横塘十里香，水花晚色静年芳。
胭脂雪瘦薰沉水，翡翠盘高走夜光。
山黛远，月波长，暮云秋影蘸潇湘。
醉魂应逐凌波梦，分付西风此夜凉。

06 星期五
农历五月廿三

倪博士读书城西雨中寄之 / 清·朱彝尊

雨气西山黯未开，更闻小暑一声雷。
不烦走马冲泥苦，便可乘船入市回。

星期六 07
农历五月廿四

前调·小暑 / 明·佚名

返照射村斜。三两人家。行行忽被暮云遮。
惆怅郭宗昨宿处，林满归鸦。
散绮细看霞。城鼓初挝。
征尘飞上敝裘些。又早见蟾光升树，映著芦花。

小暑

08 星期日
农历五月廿五

夏夜追凉 / 宋·杨万里

夜热依然午热同，开门小立月明中。
竹深树密虫鸣处，时有微凉不是风。

星期一 09
农历五月廿六

夏日 / 清·乔远炳

薰风愠解引新凉，小暑神清夏日长。
断续蝉声传远树，呢喃燕语倚雕梁。
眠摊薤簟千纹滑，座接花茵一院香。
雪藕冰桃情自适，无烦珍重碧筒尝。

10 星期二
农历五月廿七

前调·野老家

／明·佚名

小暑啜瓜瓤。粗葛衣裳。炎蒸窗牖气初刚。无计遣兹长昼也，茗碗炉香。

深院一垂杨。又闹鸣螀。簿书堆案使人忙。何不归与湖水上，做个渔郎。

渔家傲 / 宋·欧阳修

花底忽闻敲两桨，逡巡女伴来寻访。酒盏旋将荷叶当。
莲舟荡，时时盏里生红浪。
花气酒香清厮酿，花腮酒面红相向。
醉倚绿阴眠一饷，惊起望，船头搁在沙滩上。

12 星期四
农历五月廿九

大暑水阁听晋卿家昭华吹笛 / 宋·黄庭坚

蕲竹能吟水底龙，玉人应在月明中。
何时为洗秋空热，散作霜天落叶风。

夏

陆

荷月

温风始至，蟋蟀居壁，鹰乃学习，腐草为萤。
树木方盛，土润溽暑，大雨时行。

13 星期五
农历六月初一

千秋岁·咏夏景 ╲ 宋·谢逸

楝花飘砌，蔌蔌清香细。梅雨过，萍风起。情随湘水远，梦绕吴峰翠。琴书倦，鹧鸪唤起南窗睡。

密意无人寄，幽恨凭谁洗？修竹畔，疏帘里。歌余尘拂扇，舞罢风掀袂。人散后，一钩淡月天如水。

夏日 / 宋 · 张耒

长夏村墟风日清，檐牙燕雀已生成。
蝶衣晒粉花枝舞，蛛网添丝屋角晴。
落落疏帘邀月影，嘈嘈虚枕纳溪声。
久斑两鬓如霜雪，直欲渔樵过此生。

15 星期日
农历六月初三

卜算子 / 宋 · 游次公

风雨送人来，风雨留人住。草草杯盘话别离，风雨催人去。
泪眼不曾晴，眉黛愁还聚。明日相思莫上楼，楼上多风雨。

暑旱苦热 / 宋·王令

清风无力屠得热，落日着翅飞上山。
人固已惧江海竭，天岂不惜河汉干？
昆仑之高有积雪，蓬莱之远常遗寒。
不能手提天下往，何忍身去游其间？

17 星期二

农历六月初五

西江月·夜行黄沙道中

／ 宋·辛弃疾

明月别枝惊鹊，清风半夜鸣蝉。稻花香里说丰年，听取蛙声一片。

七八个星天外，两三点雨山前。旧时茅店社林边，路转溪桥忽见。

【回文】菩萨蛮·夏闺怨 / 宋·苏轼

柳庭风静人眠昼，昼眠人静风庭柳。香汗薄衫凉，凉衫薄汗香。
手红冰碗藕，藕碗冰红手。郎笑藕丝长，长丝藕笑郎。

19 星期四
农历六月初七

长相思·雨 / 宋·万俟咏

一声声，一更更。窗外芭蕉窗里灯，此时无限情。
梦难成，恨难平。不道愁人不喜听，空阶滴到明。

【双调】大德歌·夏 ╲ 元·关汉卿

俏冤家，在天涯，偏那里绿杨堪系马。困坐南窗下，数对清风想念他。蛾眉淡了教谁画？瘦岩岩羞带石榴花。

21 星期六
农历六月初九

仲夏风雨不已 / 宋·陆游

南陌东阡自在身，一年节物几番新。
鲥鱼出后莺花闹，梅子熟时风雨频。
冠盖敢同修禊客，桑麻不减避秦人。
夕阳更有萧然处，照影清溪整葛巾。

卜算子 / 宋·葛立方

袅袅水芝红，脉脉蒹葭浦。淅淅西风淡淡烟，几点疏疏雨。
草草展杯觞，对此盈盈女。叶叶红衣当酒船，细细流霞举。

23 星期一
农历六月十一

六月十八日夜大暑 ／ 宋·司马光

老柳蜩螗噪，荒庭熠燿流。
人情正苦暑，物态已惊秋。
月下濯寒水，风前梳白头。
如何夜半客，束带谒公侯。

大暑

星期二
农历六月十二
24

喜晴

\ 宋·范成大

窗间梅熟落蒂，墙下笋成出林。
连雨不知春去，一晴方觉夏深。

25 星期三
农历六月十三

画堂春

／宋·张先

外湖莲子长参差，霁山青处鸥飞。水天溶漾画桡迟，人影鉴中移。

桃叶浅声双唱，杏红深色轻衣。小荷障面避斜晖，分得翠阴归。

清平乐·池上纳凉

／清·项鸿祚

水天清话，院静人销夏。蜡炬风摇帘不下，竹影半墙如画。

醉来扶上桃笙，熟罗扇子凉轻。一霎荷塘过雨，明朝便是秋声。

27 星期五
农历六月十五

鹧鸪天 / 宋·周紫芝

一点残红欲尽时，乍凉秋气满屏帏。
梧桐叶上三更雨，叶叶声声是别离。
调宝瑟，拨金猊，那时同唱鹧鸪词。
如今风雨西楼夜，不听清歌也泪垂。

秋柳诗 / 清·王士祯

秋来何处最销魂？残照西风白下门。
他日差池春燕影，只今憔悴晚烟痕。
愁生陌上黄骢曲，梦远江南乌夜村。
莫听临风三弄笛，玉关哀怨总难论！

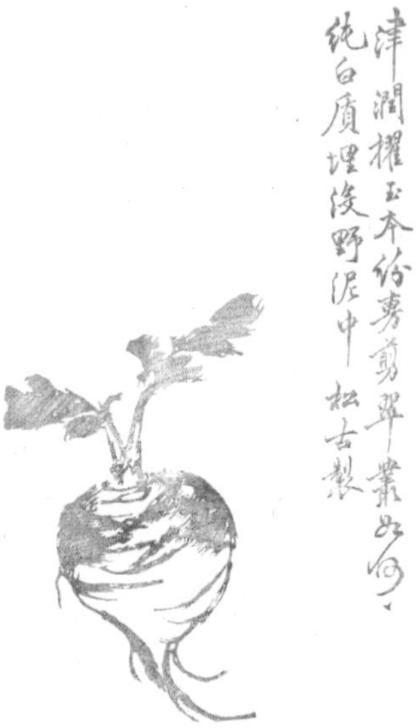

29 星期日
农历六月十七

秋风词 / 唐·李白

秋风清，秋月明。
落叶聚还散，寒鸦栖复惊。
相思相见知何日？此时此夜难为情！
入我相思门，知我相思苦。
长相思兮长相忆，短相思兮无穷极。
早知如此绊人心，何如当初莫相识。

鹧鸪天·化度寺作　/　宋·吴文英

池上红衣伴倚阑，栖鸦常带夕阳还。
殷云度雨疏桐落，明月生凉宝扇闲。
乡梦窄，水天宽。小窗愁黛淡秋山。
吴鸿好为传归信，杨柳阊门屋数间。

31

星期二
农历六月十九

偶成 / 宋 · 朱熹

少年易老学难成，一寸光阴不可轻。
未觉池塘春草梦，阶前梧叶已秋声。

八月

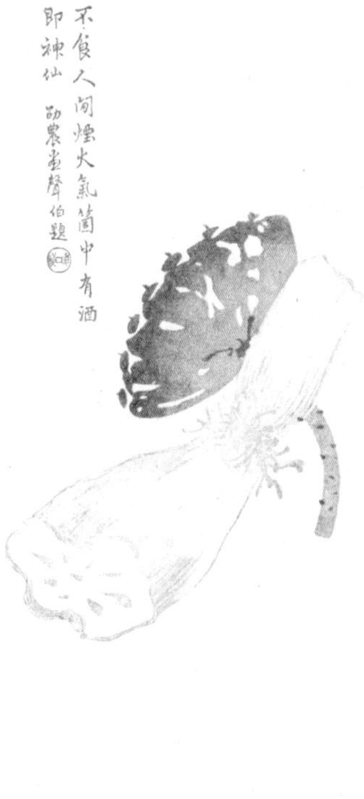

01 星期三

农历六月二十　建军节

贺新郎·夏景 / 宋·苏轼

乳燕飞华屋。悄无人、桐阴转午，晚凉新浴。手弄生绡白团扇，扇手一时似玉。渐困倚、孤眠清熟。帘外谁来推绣户，枉教人、梦断瑶台曲。又却是，风敲竹。

石榴半吐红巾蹙。待浮花、浪蕊都尽，伴君幽独。秾艳一枝细看取，芳心千重似束。又恐被、秋风惊绿。若待得君来向此，花前对酒不忍触。共粉泪，两簌簌。

02

星期四

农历六月廿一

鹊桥仙

／宋·秦观

纤云弄巧，飞星传恨，银汉迢迢暗度。金风玉露一相逢，便胜却人间无数。
柔情似水，佳期如梦，忍顾鹊桥归路。两情若是久长时，又岂在朝朝暮暮。

03 星期五
农历六月廿二

点绛唇 / 宋·汪藻

高柳蝉嘶，采菱歌断秋风起。晚云如髻，湖上山横翠。
帘卷西楼，过雨凉生袂。天如水，画楼十二，有个人同倚。

咏秋兰 / 明·静诺

长林众草入秋荒，独有幽姿逗晚香。
每向风前堪寄傲，几因霜后欲留芳。
名流赏鉴还堪佩，空谷知音品自扬。
一种孤怀千古在，湘江词赋奏清商。

05 星期日
农历六月廿四

念奴娇·过洞庭 ╲ 宋·张孝祥

洞庭青草，近中秋，更无一点风色。玉鉴琼田三万顷，著我扁舟一叶。素月分辉，明河共影，表里俱澄澈。悠然心会，妙处难与君说。
应念岭表经年，孤光自照，肝胆皆冰雪。短发萧骚襟袖冷，稳泛沧溟空阔。尽挹西江，细斟北斗，万象为宾客。扣舷独啸，不知今夕何夕。

登柳州城楼寄漳汀封连四州刺史 / 唐 · 柳宗元

城上高楼接大荒，海天愁思正茫茫。
惊风乱飐芙蓉水，密雨斜侵薜荔墙。
岭树重遮千里目，江流曲似九回肠。
共来百越文身地，犹自音书滞一乡。

07 星期二
农历六月廿六

立秋 / 宋·刘翰

乳鸦啼散玉屏空，一枕新凉一扇风。
睡起秋声无觅处，满阶梧叶月明中。

立秋

霜叶飞 / 宋 · 方千里

塞云垂地，堤烟重，燕鸿初度江表。
露荷风柳向人疏，台榭还清悄。
恨脉脉、离情怨晓。相思魂梦银屏小。
奈倦客征衣，自遍拂尘埃，玉镜羞照。
无限静陌幽坊，追欢寻赏，未落人后先到。
少年心事转头空，况老来怀抱。
尽缘叶红英过了。离声慵整当时调。
问丽质，从憔悴，消减腰围，似郎多少。

09 星期四
农历六月廿八

一叶落 / 后唐·李存勖

一叶落，褰珠箔。此时景物正萧索。
画楼月影寒，西风吹罗幕。吹罗幕，往事思量着。

江城子·乙卯正月二十日夜记梦

／宋·苏轼

十年生死两茫茫，不思量，自难忘。千里孤坟，无处话凄凉。纵使相逢应不识，尘满面，鬓如霜。

夜来幽梦忽还乡，小轩窗，正梳妆。相顾无言，惟有泪千行。料得年年肠断处，明月夜，短松冈。

秋

柒

桐月

凉风至，白露降，寒蝉鸣，鹰乃祭鸟。天地始肃，农乃登谷。

虞美人·听雨 / 宋·蒋捷

少年听雨歌楼上，红烛昏罗帐。
壮年听雨客舟中，江阔云低、断雁叫西风。
而今听雨僧庐下，鬓已星星也。
悲欢离合总无情，一任阶前、点滴到天明。

12 星期日
农历七月初二

秋夜曲 / 唐 · 王维

桂魄初生秋露微，轻罗已薄未更衣。
银筝夜久殷勤弄，心怯空房不忍归。

一剪梅／宋·李清照

红藕香残玉簟秋。轻解罗裳，独上兰舟。云中谁寄锦书来？雁字回时，月满西楼。

花自飘零水自流。一种相思，两处闲愁。此情无计可消除，才下眉头，却上心头。

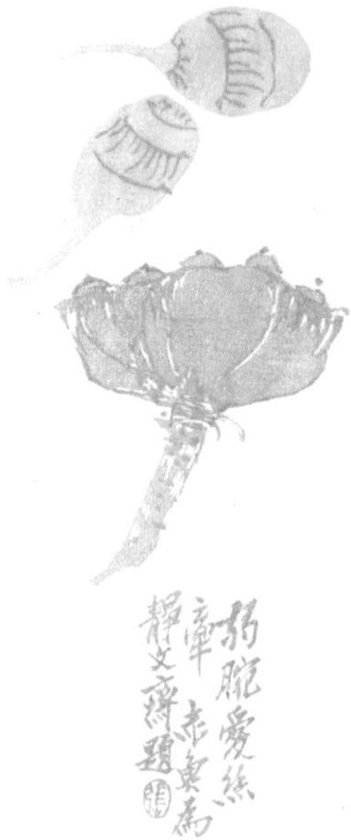

14 星期二
农历七月初四

眼儿媚 / 宋·贺铸

萧萧江上荻花秋，做弄许多愁。半竿落日，两行新雁，一叶扁舟。
惜分长怕君先去，直待醉时休。今宵眼底，明朝心上，后日眉头。

星期三 15
农历七月初五

望江南 / 五代·佚名

天上月，遥望似一团银。夜久更阑风渐紧。与奴吹散月边云，照见负心人。

16 星期四
农历七月初六

秋词 / 唐·刘禹锡

自古逢秋悲寂寥，我言秋日胜春朝。
晴空一鹤排云上，便引诗情到碧霄。

星期五 **17**

农历七月初七　七夕

秋夕 / 唐·杜牧

银烛秋光冷画屏，轻罗小扇扑流萤。
天阶夜色凉如水，卧看牵牛织女星。

18 星期六
农历七月初八

更漏子 / 唐·温庭筠

玉炉香，红蜡泪，偏照画堂秋思。眉翠薄，鬓云残，夜长衾枕寒。
梧桐树，三更雨，不道离情正苦。一叶叶，一声声，空阶滴到明。

星期日 19
农历七月初九

踏莎行

／宋·晏殊

碧海无波，瑶台有路。思量便合双飞去。当时轻别意中人，山长水远知何处。

绮席凝尘，香闺掩雾。红笺小字凭谁附？高楼目尽欲黄昏，梧桐叶上萧萧雨。

20 星期一

农历七月初十

秋夜长 / 唐 · 王勃

秋夜长，殊未央，月明露白澄清光，层城绮阁遥相望。
遥相望，川无梁，北风受节南雁翔，崇兰委质时菊芳。
鸣环曳履出长廊，为君秋夜捣衣裳。
纤罗对凤凰，丹绮双鸳鸯，调砧乱杵思自伤。
思自伤，征夫万里戍他乡。鹤关音信断，龙门道路长。
君在天一方，寒衣徒自香。

辋川闲居赠裴秀才迪 / 唐 · 王维

寒山转苍翠，秋水日潺湲。
倚杖柴门外，临风听暮蝉。
渡头余落日，墟里上孤烟。
复值接舆醉，狂歌五柳前。

22 星期三

农历七月十二

满庭芳

宋·秦观

碧水惊秋，黄云凝暮，败叶零乱空阶。洞房人静，斜月照徘徊。又是重阳近也，几处处，砧杵声催。西窗下，风摇翠竹，疑是故人来。

伤怀！增怅望，新欢易失，往事难猜。问篱边黄菊，知为谁开？谩道愁须殢酒，酒未醒、愁已先回。凭栏久，金波渐转，白露点苍苔。

星期四 23
农历七月十三

浪淘沙

清·纳兰性德

夜雨做成秋，恰上心头。教他珍重护风流，端的为谁添病也，更为谁羞。

密意未曾休，密愿难酬。珠帘四卷月当楼，暗忆欢期真似梦，梦也须留。

处暑

24 星期五
农历七月十四

秋登宣城谢朓北楼 / 唐·李白

江城如画里，山晚望晴空。
两水夹明镜，双桥落彩虹。
人烟寒橘柚，秋色老梧桐。
谁念北楼上，临风怀谢公。

关河令 / 宋·周邦彦

秋阴时晴渐向暝，变一庭凄冷。伫听寒声，云深无雁影。更深人去寂静，但照壁孤灯相映。酒已都醒，如何消夜永！

26 星期日
农历七月十六

秋波媚·七月十六日晚登高兴亭望长安南山 / 宋·陆游

秋到边城角声哀，烽火照高台。悲歌击筑，凭高酹酒，此兴悠哉！
多情谁似南山月，特地暮云开。灞桥烟柳，曲江池馆，应待人来。

星期一 27
农历七月十七

忆江南

／唐·白居易

江南忆，最忆是杭州。山寺月中寻桂子，郡亭枕上看潮头。何日更重游？

28 星期二

农历七月十八

秋日 / 宋·程颢

闲来无事不从容，睡觉东窗日已红。

万物静观皆自得，四时佳兴与人同。

道通天地有形外，思入风云变态中。

富贵不淫贫贱乐，男儿到此是豪雄。

相和歌辞·玉阶怨 / 唐·李白

玉阶生白露，夜久侵罗袜。
却下水精帘，玲珑望秋月。

30 星期四
农历七月二十

相见欢 / 南唐 · 李煜

无言独上西楼，月如钩。寂寞梧桐深院锁清秋。
剪不断，理还乱，是离愁。别是一番滋味在心头。

星期五 31
农历七月廿一

闲居寄诸弟 / 唐·韦应物

秋草生庭白露时，故园诸弟益相思。
尽日高斋无一事，芭蕉叶上独题诗。

九月

叢桂
寫人
壬戌冬
十有月
小樓

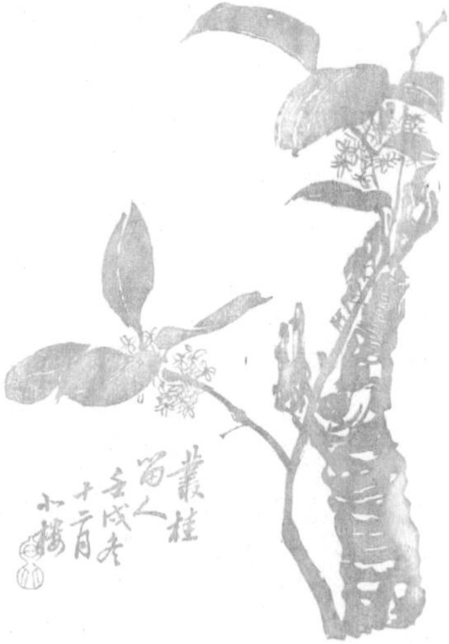

星期六 01
农历七月廿二

送张光归吴 / 唐·郎士元

看取庭芜白露新，劝君不用久风尘。
秋来多见长安客，解爱鲈鱼能几人。

02 星期日
农历七月廿三

长信秋词 / 唐·王昌龄

金井梧桐秋叶黄，珠帘不卷夜来霜。
熏笼玉枕无颜色，卧听南宫清漏长。

南柯子

／宋·僧仲殊

十里青山远，潮平路带沙。数声啼鸟怨年华。又是凄凉时候、在天涯。

白露收残月，清风散晓霞。绿杨堤畔问荷花：记得年时沽酒、那人家。

04 星期二
农历七月廿五

月夜忆舍弟 / 唐·杜甫

戍鼓断人行，边秋一雁声。
露从今夜白，月是故乡明。
有弟皆分散，无家问死生。
寄书长不达，况乃未休兵。

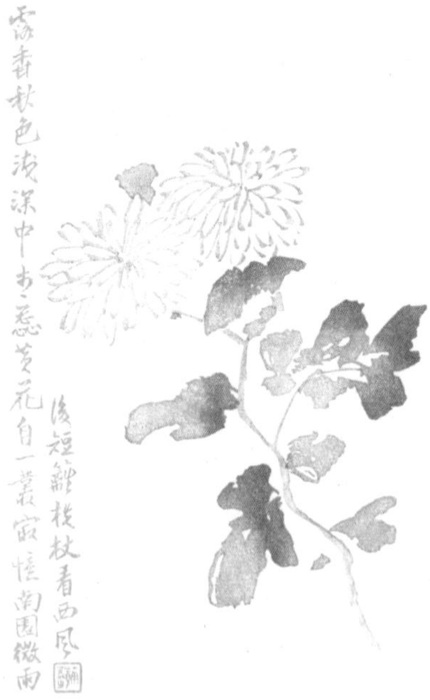

寒菊 / 宋·郑思肖

花开不并百花丛，独立疏篱趣未穷。
宁可枝头抱香死，何曾吹落北风中。

06 星期四
农历七月廿七

村行 ╲ 宋·王禹偁

马穿山径菊初黄，信马悠悠野兴长。
万壑有声含晚籁，数峰无语立斜阳。
棠梨叶落胭脂色，荞麦花开白雪香。
何事吟余忽惆怅，村桥原树似吾乡。

星期五 07
农历七月廿八

无题 / 唐·李商隐

重帏深下莫愁堂，卧后清宵细细长。
神女生涯原是梦，小姑居处本无郎。
风波不信菱枝弱，月露谁教桂叶香。
直道相思了无益，未妨惆怅是清狂。

08 星期六
农历七月廿九

水调歌头·送王景文 / 宋·李处全

上马趣携酒，送客古朱方。秋风斜日山际，低草见牛羊。
酩酊不知更漏，但见横江白露，清映月如霜。
平睨广寒殿，谁说路歧长。醉还醒，时起舞，念吾乡。
江山尔尔，回首千载几兴亡。一笑书生事业，谁信管城居士，
不换碧油幢。好在中泠水，击楫奏伊凉。

白露

星期日 09
农历七月三十

秦楼月

宋·向子諲

虫声切，柔肠欲断伤离别。伤离别。几行清泪，界残红颊。
玉阶白露侵罗袜，下帘却望玲珑月。玲珑月，寒光凌乱，照人愁绝。

秋

捌

桂月

鸿雁来，玄鸟归，群鸟养羞。日夜分，雷始收声，蛰虫俯户，杀气浸盛，阳气日衰，水始涸。

诉衷情 / 宋·晏几道

凭觞静忆去年秋，桐落故溪头。诗成自写红叶，和恨寄东流。
人脉脉，水悠悠，几多愁。雁书不到，蝶梦无凭，漫倚高楼。

11 星期二
农历八月初二

送魏万之京 / 唐·李颀

朝闻游子唱离歌，昨夜微霜初渡河。
鸿雁不堪愁里听，云山况是客中过。
关城树色催寒近，御苑砧声向晚多。
莫见长安行乐处，空令岁月易蹉跎。

星期三
农历八月初三
12

长安秋望 / 唐·赵嘏

云物凄凉拂曙流，汉家宫阙动高秋。
残星几点雁横塞，长笛一声人倚楼。
紫艳半开篱菊静，红衣落尽渚莲愁。
鲈鱼正美不归去，空戴南冠学楚囚。

13 星期四
农历八月初四

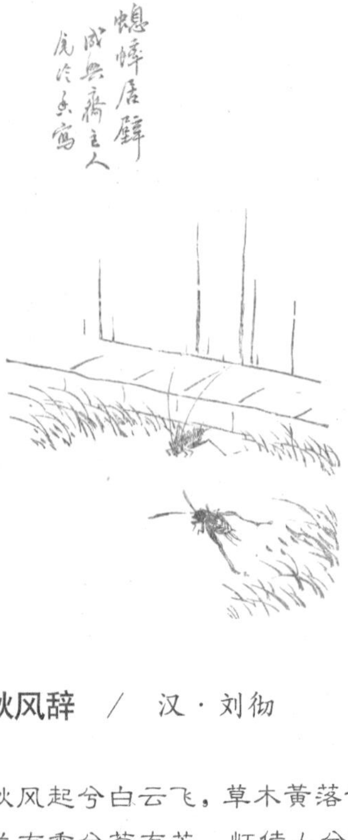

秋风辞 / 汉 · 刘彻

秋风起兮白云飞，草木黄落兮雁南归。
兰有秀兮菊有芳，怀佳人兮不能忘。
泛楼船兮济汾河，横中流兮扬素波。
箫鼓鸣兮发棹歌，欢乐极兮哀情多。
少壮几时兮奈老何！

星期五
农历八月初五

14

清江引·秋怀 ╲ 元·张可久

西风信来家万里，问我归期未？
雁啼红叶天，人醉黄花地，芭蕉雨声秋梦里。

15 星期六
农历八月初六

西湖杂咏·秋 / 元·薛昂夫

疏林红叶，芙蓉将谢，天然妆点秋屏列。
断霞遮，夕阳斜，山腰闪出闲亭榭。
分付画船且慢者。歌，休唱彻；诗，乘兴写。

星期日 16
农历八月初七

木兰花令·拟古决绝词柬友

／清·纳兰性德

人生若只如初见，何事秋风悲画扇。等闲变却故人心，却道故人心易变。

骊山语罢清宵半，泪雨零铃终不怨。何如薄幸锦衣郎，比翼连枝当日愿。

17 星期一
农历八月初八

西江月·阻风山峰下 / 宋·张孝祥

满载一船秋色，平铺十里湖光。波神留我看斜阳，放起鳞鳞细浪。
明日风回更好，今宵露宿何妨？水晶宫里奏霓裳，准拟岳阳楼上。

题宣州开元寺水阁阁下宛溪夹溪居人 / 唐 · 杜牧

六朝文物草连空，天淡云闲今古同。
鸟去鸟来山色里，人歌人哭水声中。
深秋帘幕千家雨，落日楼台一笛风。
惆怅无因见范蠡，参差烟树五湖东。

19 星期三
农历八月初十

忆秦娥 ╲ 唐·李白

箫声咽，秦娥梦断秦楼月。秦楼月，年年柳色，灞陵伤别。
乐游原上清秋节，咸阳古道音尘绝。音尘绝，西风残照，汉家陵阙。

星期四 20
农历八月十一

从军行 / 唐·王昌龄

烽火城西百尺楼，黄昏独坐海风秋。
更吹羌笛关山月，无那金闺万里愁。

21 星期五
农历八月十二

谢亭送别

／唐·许浑

劳歌一曲解行舟，红叶青山水急流。
日暮酒醒人已远，满天风雨下西楼。

长相思 / 南唐·李煜

一重山，两重山。山远天高烟水寒，相思枫叶丹。
菊花开，菊花残。塞雁高飞人未还，一帘风月闲。

23 星期日
农历八月十四

山行 / 唐·杜牧

远上寒山石径斜，白云深处有人家。
停车坐爱枫林晚，霜叶红于二月花。

秋分

水调歌头 / 宋 · 苏轼

明月几时有？把酒问青天。不知天上宫阙，今夕是何年？
我欲乘风归去，又恐琼楼玉宇，高处不胜寒。
起舞弄清影，何似在人间？
转朱阁，低绮户，照无眠。不应有恨，何事长向别时圆？
人有悲欢离合，月有阴晴圆缺，此事古难全。
但愿人长久，千里共婵娟。

25 星期二
农历八月十六

玉楼春

／宋·欧阳修

别后不知君远近，触目凄凉多少闷。渐行渐远渐无书，水阔鱼沉何处问？
夜深风竹敲秋韵，万叶千声皆是恨。故欹单枕梦中寻，梦又不成灯又烬。

秋兴 / 唐·杜甫

玉露凋伤枫树林，巫山巫峡气萧森。
江间波浪兼天涌，塞上风云接地阴。
丛菊两开他日泪，孤舟一系故园心。
寒衣处处催刀尺，白帝城高急暮砧。

27 星期四
农历八月十八

清平乐 / 宋·张炎

候蛩凄断，人语西风岸。月落沙平江似练，望尽芦花无雁。
暗教愁损兰成，可怜夜夜关情。只有一枝梧叶，不知多少秋声！

鹧鸪天 / 宋 · 苏庠

枫落河梁野水秋，淡烟衰草接郊丘。
醉眠小坞黄茅店，梦倚高城赤叶楼。
天杳杳，路悠悠，钿筝歌扇等闲休。
灞桥杨柳年年恨，鸳浦芙蓉叶叶愁。

29 星期六
农历八月二十

阮郎归 / 宋 · 晏几道

天边金掌露成霜，云随雁字长。绿杯红袖趁重阳，人情似故乡。
兰佩紫，菊簪黄，殷勤理旧狂。欲将沉醉换悲凉，清歌莫断肠。

星期日 30

农历八月廿一

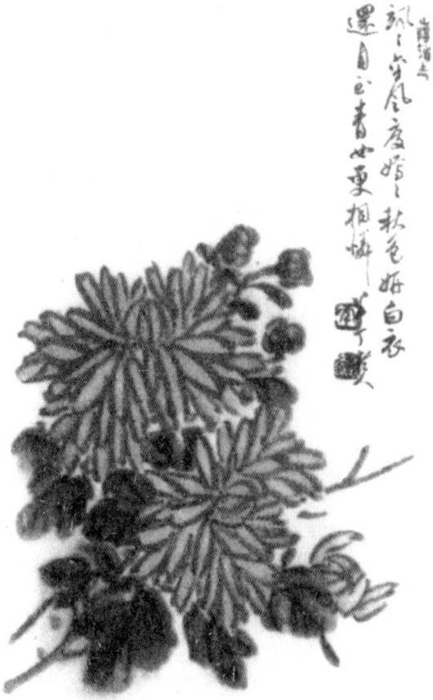

蝶恋花 ╲ 宋·晏几道

黄菊开时伤聚散。曾记花前，共说深深愿。

重见金英人未见。相思一夜天涯远。

罗带同心闲结遍。带易成双，人恨成双晚。

欲写彩笺书别怨。泪痕早已先书满。

十月

星期一 01
农历八月廿二　国庆节

鹧鸪天

／宋·李清照

寒日萧萧上琐窗，梧桐应恨夜来霜。酒阑更喜团茶苦，梦断偏宜瑞脑香。

秋已尽，日犹长，仲宣怀远更凄凉。不如随分尊前醉，莫负东篱菊蕊黄。

02 星期二
农历八月廿三

长信怨 / 唐·王昌龄

奉帚平明金殿开，暂将团扇共徘徊。
玉颜不及寒鸦色，犹带昭阳日影来。

枫桥夜泊 / 唐 · 张继

月落乌啼霜满天，江枫渔火对愁眠。
姑苏城外寒山寺，夜半钟声到客船。

04 星期四
农历八月廿五

天净沙·秋思 ╲ 元·马致远

枯藤老树昏鸦，小桥流水人家，古道西风瘦马。
夕阳西下，断肠人在天涯。

星期五 **05**

农历八月廿六

桂枝香·金陵怀古

／宋·王安石

登临送目，正故国晚秋，天气初肃。千里澄江似练，翠峰如簇。归帆去棹残阳里，背西风，酒旗斜矗。彩舟云淡，星河鹭起，画图难足。

念往昔，繁华竞逐，叹门外楼头，悲恨相续。千古凭高对此，谩嗟荣辱。六朝旧事随流水，但寒烟衰草凝绿。至今商女，时时犹唱，后庭遗曲。

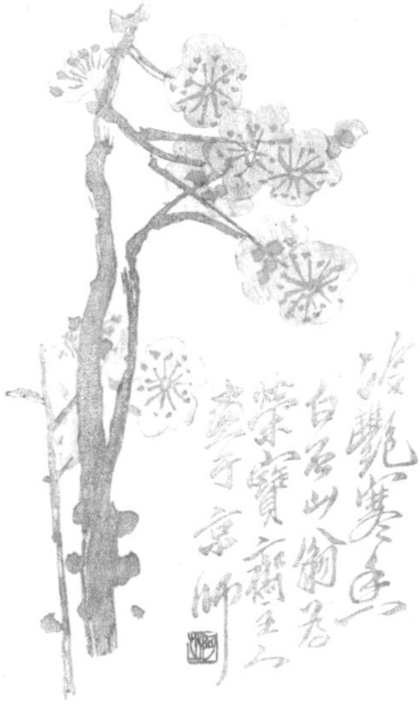

06 星期六
农历八月廿七

八声甘州 / 宋·柳永

对潇潇暮雨洒江天，一番洗清秋。
渐霜风凄紧，关河冷落，残照当楼。
是处红衰翠减，苒苒物华休。唯有长江水，无语东流。
不忍登高临远，望故乡渺邈，归思难收。叹年来踪迹，何事苦淹留？
想佳人，妆楼颙望，误几回、天际识归舟？
争知我，倚栏杆处，正恁凝愁！

星期日 07
农历八月廿八

登高 / 唐·杜甫

风急天高猿啸哀，渚清沙白鸟飞回。
无边落木萧萧下，不尽长江滚滚来。
万里悲秋常作客，百年多病独登台。
艰难苦恨繁霜鬓，潦倒新停浊酒杯。

08 星期一
农历八月廿九

燕歌行

魏·曹丕

秋风萧瑟天气凉，草木摇落露为霜，群燕辞归雁南翔。
念君客游思断肠，慊慊思归恋故乡，君何淹留寄他方？
贱妾茕茕守空房，忧来思君不敢忘，不觉泪下沾衣裳。
援琴鸣弦发清商，短歌微吟不能长。
明月皎皎照我床，星汉西流夜未央。
牵牛织女遥相望，尔独何辜限河梁？

寒露

秋

玖

菊月

鸿雁来宾，霜始降，菊有黄华，草木黄落。

09 星期二
农历九月初一

菩萨蛮 / 唐·李白

平林漠漠烟如织，寒山一带伤心碧。暝色入高楼，有人楼上愁。
玉阶空伫立，宿鸟归飞急。何处是归程？长亭更短亭。

星期三 10
农历九月初二

渔家傲·秋思 / 宋·范仲淹

塞下秋来风景异，衡阳雁去无留意。
四面边声连角起。千嶂里，长烟落日孤城闭。
浊酒一杯家万里，燕然未勒归无计。
羌管悠悠霜满地。人不寐，将军白发征夫泪。

11 星期四

农历九月初三

声声慢 ／ 宋·李清照

寻寻觅觅，冷冷清清，凄凄惨惨戚戚。
乍暖还寒时候，最难将息。三杯两盏淡酒，怎敌他、晚来风急？
雁过也，正伤心，却是旧时相识。
满地黄花堆积。憔悴损，如今有谁堪摘？
守着窗儿，独自怎生得黑？梧桐更兼细雨，到黄昏、点点滴滴。
这次第，怎一个愁字了得！

国风·秦风·蒹葭 / 先秦·佚名

蒹葭苍苍，白露为霜。所谓伊人，在水一方。
溯洄从之，道阻且长。溯游从之，宛在水中央。
蒹葭萋萋，白露未晞。所谓伊人，在水之湄。
溯洄从之，道阻且跻。溯游从之，宛在水中坻。
蒹葭采采，白露未已。所谓伊人，在水之涘。
溯洄从之，道阻且右。溯游从之，宛在水中沚。

13 星期六
农历九月初五

苏幕遮·怀旧 / 宋·范仲淹

碧云天，黄叶地，秋色连波，波上寒烟翠。
山映斜阳天接水，芳草无情，更在斜阳外。
黯乡魂，追旅思，夜夜除非，好梦留人睡。
明月楼高休独倚，酒入愁肠，化作相思泪。

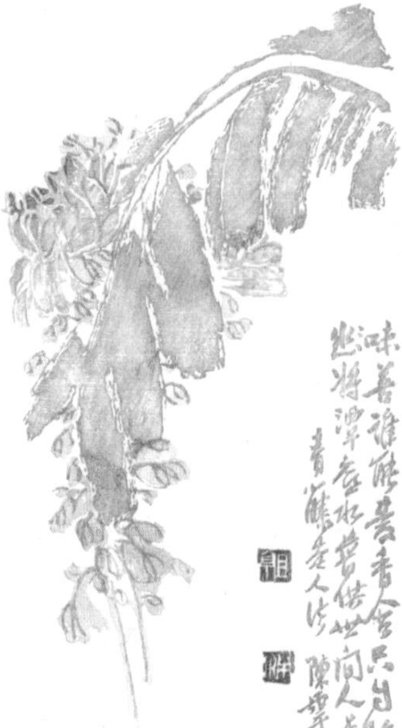

似娘儿·残秋 / 宋·赵长卿

橘绿与橙黄。近小春、已过重阳。
晚来一霎霏微雨，单衣渐觉，西风冷也，无限情伤。
孤馆最凄凉。天色儿、苦恷凄惶。
离愁一枕灯残后，睡来不是，行行坐坐，月在回廊。

15 星期一
农历九月初七

摊破浣溪沙 / 南唐·李璟

菡萏香销翠叶残，西风愁起绿波间。还与韶光共憔悴，不堪看。
细雨梦回鸡塞远，小楼吹彻玉笙寒。多少泪珠无限恨，倚栏干。

星期二 16
农历九月初八

醉花阴 / 宋·李清照

薄雾浓云愁永昼，瑞脑销金兽。
佳节又重阳，玉枕纱厨，半夜凉初透。
东篱把酒黄昏后，有暗香盈袖。
莫道不销魂，帘卷西风，人比黄花瘦。

17 星期三

农历九月初九　重阳节

折桂令·九日

／元·张可久

对青山强整乌纱。归雁横秋，倦客思家。翠袖殷勤，金杯错落，玉手琵琶。

人老去西风白发，蝶愁来明日黄花。回首天涯，一抹斜阳，数点寒鸦。

星期四 **18**
农历九月初十

九月十日即事 / 唐 · 李白

昨日登高罢，今朝再举觞。
菊花何太苦，遭此两重阳。

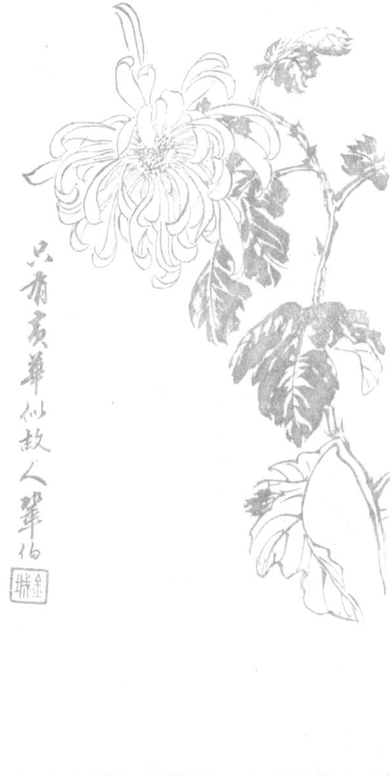

19 星期五
农历九月十一

雨霖铃

\ 宋·柳永

寒蝉凄切，对长亭晚，骤雨初歇。都门帐饮无绪，留恋处，兰舟催发。
执手相看泪眼，竟无语凝噎。念去去，千里烟波，暮霭沉沉楚天阔。
多情自古伤离别，更那堪，冷落清秋节！今宵酒醒何处？
杨柳岸，晓风残月。此去经年，应是良辰好景虚设。便纵有千种风情，更与何人说？

临江仙 / 五代·鹿虔扆

金锁重门荒苑静，绮窗愁对秋空。
翠华一去寂无踪。玉楼歌吹，声断已随风。
烟月不知人事改，夜阑还照深宫。
藕花相向野塘中。暗伤亡国，清露泣香红。

21 星期日
农历九月十三

满庭芳

╲ 宋·秦观

山抹微云，天连衰草，画角声断谯门。
暂停征棹，聊共引离尊。多少蓬莱旧事，空回首、烟霭纷纷。
斜阳外，寒鸦万点，流水绕孤村。
销魂。当此际，香囊暗解，罗带轻分。
谩赢得、青楼薄幸名存。此去何时见也，襟袖上、空惹啼痕。
伤情处，高城望断，灯火已黄昏。

暮江吟 / 唐·白居易

一道残阳铺水中，半江瑟瑟半江红。
可怜九月初三夜，露似真珠月似弓。

23 星期二
农历九月十五

玉京秋·烟水阔 ／ 宋·周密

烟水阔，高林弄残照，晚蜩凄切。碧砧度韵，银床飘叶。
衣湿桐阴露冷，采凉花、时赋秋雪。叹轻别，一襟幽事，砌蛩能说。
客思吟商还怯，怨歌长、琼壶暗缺。翠扇恩疏，红衣香褪，翻成消歇。
玉骨西风，恨最恨、闲却新凉时节。楚箫咽，谁倚西楼淡月。

霜降

星期三 24
农历九月十六

御街行

／宋·范仲淹

纷纷堕叶飘香砌。夜寂静、寒声碎。真珠帘卷玉楼空，天淡银河垂地。
年年今夜，月华如练，长是人千里。愁肠已断无由醉。
酒未到、先成泪。残灯明灭枕头欹。谙尽孤眠滋味。都来此事，眉间心上，无计相回避。

25 星期四
农历九月十七

声声慢·秋声 ╲ 宋·蒋捷

黄花深巷，红叶低窗，凄凉一片秋声。豆雨声来，中间夹带风声。
疏疏二十五点，丽谯门、不锁更声。故人远，问谁摇玉佩，檐底铃声。
彩角声吹月堕，渐连营马动，四起笳声。闪烁邻灯，灯前尚有砧声。
知他诉愁到晓，碎哝哝、多少蛩声！诉未了，把一半、分与雁声。

星期五 **26**
农历九月十八

蝶恋花

\ 宋·晏殊

槛菊愁烟兰泣露，罗幕轻寒，燕子双飞去。明月不谙离恨苦，斜光到晓穿朱户。

昨夜西风凋碧树，独上高楼，望尽天涯路。欲寄彩笺兼尺素，山长水阔知何处。

27 星期六
农历九月十九

洛桥晚望 / 唐·孟郊

天津桥下冰初结，洛阳陌上人行绝。
榆柳萧疏楼阁闲，月明直见嵩山雪。

九月九日忆山东兄弟 / 唐·王维

独在异乡为异客，每逢佳节倍思亲。
遥知兄弟登高处，遍插茱萸少一人。

29 星期一
农历九月廿一

浣溪沙 / 清·纳兰性德

谁念西风独自凉，萧萧黄叶闭疏窗，沉思往事立残阳。
被酒莫惊春睡重，赌书消得泼茶香，当时只道是寻常。

星期二 30
农历九月廿二

立冬 / 明·王稚登

秋风吹尽旧庭柯，黄叶丹枫客里过。
一点禅灯半轮月，今宵寒较昨宵多。

31 星期三
农历九月廿三

山中 / 唐·王维

荆溪白石出，天寒红叶稀。
山路元无雨，空翠湿人衣。

十一月

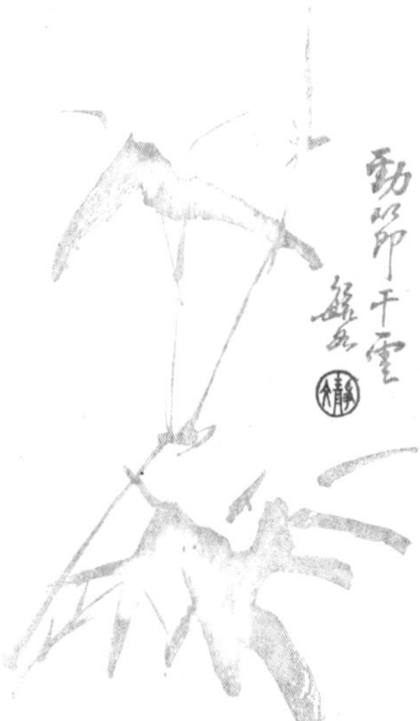

01 星期四
农历九月廿四

古从军行 / 唐·李颀

白日登山望烽火，黄昏饮马傍交河。
行人刁斗风沙暗，公主琵琶幽怨多。
野云万里无城郭，雨雪纷纷连大漠。
胡雁哀鸣夜夜飞，胡儿眼泪双双落。
闻道玉门犹被遮，应将性命逐轻车。
年年战骨埋荒外，空见蒲桃入汉家。

早冬 / 唐·白居易

十月江南天气好，可怜冬景似春华。
霜轻未杀萋萋草，日暖初干漠漠沙。
老柘叶黄如嫩树，寒樱枝白是狂花。
此时却羡闲人醉，五马无由入酒家。

03 星期六
农历九月廿六

南乡子·冬夜

／宋·黄升

万籁寂无声，衾铁棱棱近五更。香断灯昏吟未稳，凄清。只有霜华伴月明。
应是夜寒凝，恼得梅花睡不成。我念梅花花念我，关情。起看清冰满玉瓶。

星期日 04
农历九月廿七

商山早行 / 唐 · 温庭筠

晨起动征铎，客行悲故乡。
鸡声茅店月，人迹板桥霜。
槲叶落山路，枳花明驿墙。
因思杜陵梦，凫雁满回塘。

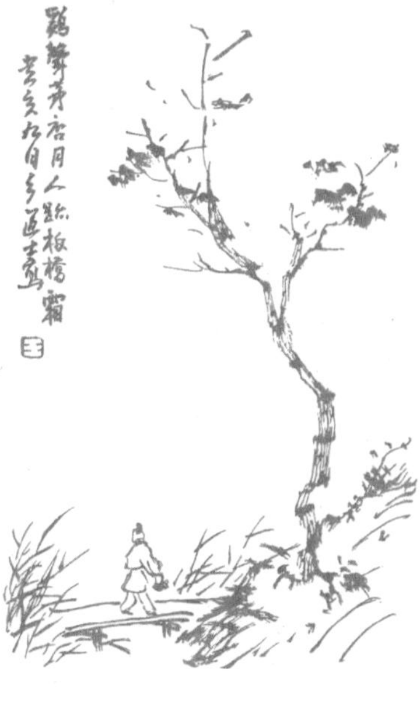

05 星期一
农历九月廿八

冬柳 / 唐·陆龟蒙

柳汀斜对野人窗，零落衰条傍晓江。
正是霜风飘断处，寒鸥惊起一双双。

星期二 06
农历九月廿九

大德歌·冬景 / 元·关汉卿

雪粉华，舞梨花，再不见烟村四五家。密洒堪图画，看疏林噪晚鸦。黄芦掩映清江下，斜缆着钓鱼艖。

07 星期三

农历九月三十

立冬日作 / 宋·陆游

室小财容膝，墙低仅及肩。
方过授衣月，又遇始裘天。
寸积篝炉炭，铢称布被绵。
平生师陋巷，随处一欣然。

立冬

冬

拾

良月

水始冰，地始冻，虹藏不见。

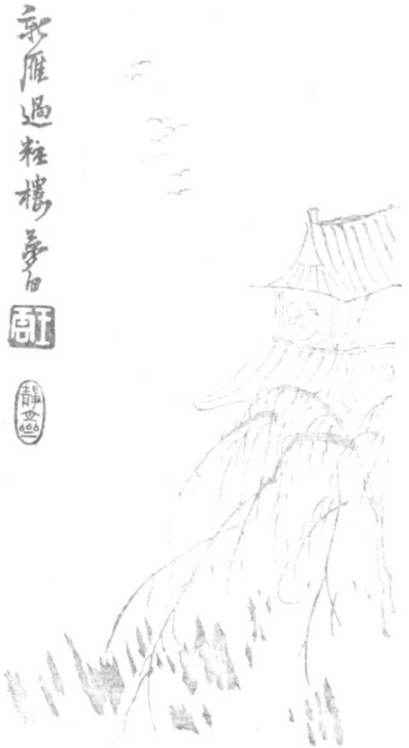

08 星期四
农历十月初一

立冬即事 / 宋 · 仇远

细雨生寒未有霜，庭前木叶半青黄。
小春此去无多日，何处梅花一绽香。

星期五 09
农历十月初二

立冬 / 元·陆文圭

旱久何当雨，秋深渐入冬。
黄花犹带露，红叶已随风。
边思吹寒角，村歌相晚舂。
篱门日高卧，衰懒愧无功。

10

星期六

农历十月初三

立冬 / 宋 · 紫金霜

落水荷塘满眼枯，西风渐作北风呼。
黄杨倔强尤一色，白桦优柔以半疏。
门尽冷霜能醒骨，窗临残照好读书。
拟约三九吟梅雪，还借自家小火炉。

星期日
农历十月初四
11

早冬 / 唐·白居易

十月江南天气好，可怜冬景似春华。
霜轻未杀萋萋草，日暖初干漠漠沙。
老柘叶黄如嫩树，寒樱枝白是狂花。
此时却羡闲人醉，五马无由入酒家。

12 星期一
农历十月初五

满路花·冬 ╲ 宋·张淑芳

罗襟湿未干，又是凄凉雪。欲睡难成寐、音书绝。窗前竹叶，凛凛狂风折。寒衣弱不胜，有甚遥肠，望到春来时节。孤灯独照，字字吟成血。仅梅花知苦、香来接。离愁万种，提起心头切。比霜风更烈。瘦似枯枝，诗何人与分说。

星期二 13
农历十月初六

小雪日戏题绝句 / 唐·张登

甲子徒推小雪天，刺梧犹绿槿花然。
融和长养无时歇，却是炎洲雨露偏。

14 星期三
农历十月初七

小雪 / 唐·戴叔伦

花雪随风不厌看，更多还肯失林峦。
愁人正在书窗下，一片飞来一片寒。

问刘十九 / 唐·白居易

绿蚁新醅酒，红泥小火炉。
晚来天欲雪，能饮一杯无？

16 星期五
农历十月初九

采桑子慢·麓翁飞翼楼观雪 / 宋·吴文英

东风未起，花上纤尘无影。峭云湿，凝酥深坞，乍洗梅清。
钓卷愁丝，冷浮虹气海空明。若耶门闭，扁舟去懒，客思鸥轻。
几度问春，倡红冶翠，空媚阴晴。看真色、千岩一素，天澹无情。
醒眼重开，玉钩帘外晓峰青。相扶轻醉，越王台上，更最高层。

星期六 17
农历十月初十

小雪 / 宋 · 释善珍

云暗初成霰点微，旋闻蔌蔌洒窗扉。
最愁南北犬惊吠，兼恐北风鸿退飞。
梦锦尚堪裁好句，鬓丝那可织寒衣。
拥炉睡思难撑拄，起唤梅花为解围。

18 星期日
农历十月十一

夜泊荆溪 / 唐·陈羽

小雪已晴芦叶暗，长波乍急鹤声嘶。
孤舟一夜宿流水，眼看山头月落溪。

星期一 19
农历十月十二

和萧郎中小雪日作 / 南唐·徐铉

征西府里日西斜，独试新炉自煮茶。
篱菊尽来低覆水，塞鸿飞去远连霞。
寂寥小雪闲中过，斑驳轻霜鬓上加。
算得流年无奈处，莫将诗句祝苍华。

20 星期二
农历十月十三

沁园春

╲宋·陈睦

小雪初晴，画舫明月，强饮未眠。念翠鬟双耸，舞衣半卷，琵琶催拍，促管危弦。密意遥具，欢期难偶，遣我离情愁绪牵。追思处，奈溪桥道窄，无计留连。天天。莫是前缘。自别后、深诚谁为传。想玉篦偷付，珠囊暗解，两心长在，须合金钿。浅淡精神，温柔情性，记我疏狂应痛怜。空肠断，奈衾寒漏永，终夜如年。

次韵张秘校喜雪 / 宋·黄庭坚

满城楼观玉阑干，小雪晴时不共寒。
润到竹根肥腊笋，暖开蔬甲助春盘。
眼前多事观游少，胸次无忧酒量宽。
闻说压沙梨已动，会须鞭马蹋泥看。

22 星期四
农历十月十五

小雪 / 唐·李咸用

散漫阴风里，天涯不可收。
压松犹未得，扑石暂能留。
阁静萦吟思，途长拂旅愁。
崆峒山北面，早想玉成丘。

小雪

星期五 23
农历十月十六

灯花 / 唐·司空图

闰前小雪过经旬，犹自依依向主人。
开尽菊花怜强舞，与教弟子待新春。

24 星期六
农历十月十七

湖山寻梅 / 宋·陆游

小雪湖上寻梅时，短帽乱插皆繁枝。
路人看者窃相语，此老胸中常有诗。
归来青灯耿窗扉，心镜忽入造化机。
墨池水浅笔锋燥，笑拂吴笺作飞草。

星期日 25
农历十月十八

菩萨蛮 / 清·纳兰性德

白日惊飚冬已半，解鞍正值昏鸦乱。冰合大河流，茫茫一片愁。
烧痕空极望，鼓角高城上。明日近长安，客心愁未阑。

26 星期一
农历十月十九

昼夜乐·冬

／元·赵显宏

风送梅花过小桥，飘飘。飘飘地乱舞琼瑶，水面上流将去了。觑绝似落英无消耗，似那人水远山遥，怎不焦？今日明朝，今日明朝，又不见他来到！佳人，佳人多命薄！今遭，难逃。难逃他粉悴烟憔，直恁般鱼沉雁杳！谁承望拆散了鸾凤交，空教人梦断魂劳。心痒难揉，心痒难揉。盼不得鸡儿叫。

踏莎行 / 宋·吕本中

雪似梅花，梅花似雪。似和不似都奇绝。
恼人风味阿谁知？请君问取南楼月。
记得去年，探梅时节。老来旧事无人说。
为谁醉倒为谁醒？到今犹恨轻离别。

28 星期三

农历十月廿一

逢雪宿芙蓉山主人

唐·刘长卿

日暮苍山远，天寒白屋贫。

柴门闻犬吠，风雪夜归人。

星期四 29
农历十月廿二

江雪 / 唐·柳宗元

千山鸟飞绝，万径人踪灭。
孤舟蓑笠翁，独钓寒江雪。

30 星期五
农历十月廿三

北风行 / 唐·李白

烛龙栖寒门，光曜犹旦开。
日月照之何不及此？惟有北风号怒天上来。
燕山雪花大如席，片片吹落轩辕台。
幽州思妇十二月，停歌罢笑双蛾摧。
倚门望行人，念君长城苦寒良可哀。
别时提剑救边去，遗此虎文金鞞靫。
中有一双白羽箭，蜘蛛结网生尘埃。
箭空在，人今战死不复回。
不忍见此物，焚之已成灰。
黄河捧土尚可塞，北风雨雪恨难裁。

十二月

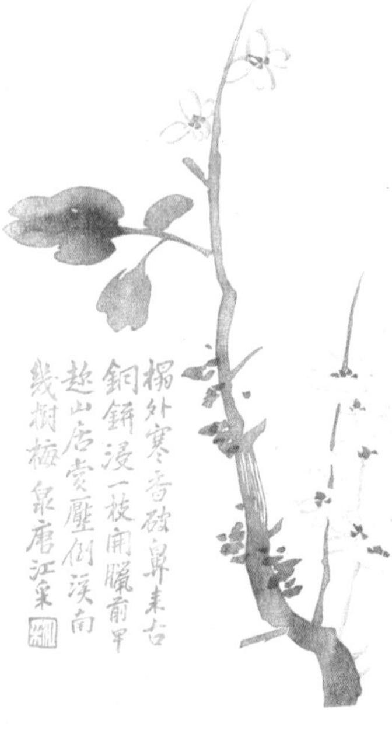

01 星期六

农历十月廿四

柳梢青·与龟翁登研意观雪，怀癸卯岁腊朝断桥并马之游 ╲ 宋·吴文英

断梦游轮，孤山路杳，越树阴新。流水凝酥，征衫沾泪，都是离痕。

玉屏风冷愁人。醉烂漫、梅花翠云。傍夜船回，惜春门掩，一镜香尘。

星期日 02
农历十月廿五

终南望余雪 / 唐·祖咏

终南阴岭秀，积雪浮云端。
林表明霁色，城中增暮寒。

03 星期一
农历十月廿六

咏雪诗 / 宋·黄庭坚

连空春雪明如洗，忽忆江清水见沙。
夜听疏疏还密密，晓看整整复斜斜。
风回共作婆娑舞，天巧能开顷刻花。
正使尽情寒至骨，不妨桃李用年华。

雪梅 / 宋·卢梅坡

其一

梅雪争春未肯降，骚人搁笔费评章。
梅须逊雪三分白，雪却输梅一段香。

05 星期三
农历十月廿八

雪梅 / 宋·卢梅坡

其二

有梅无雪不精神，有雪无梅俗了人。
日暮诗成天又雪，与梅并作十分春。

星期四 06
农历十月廿九

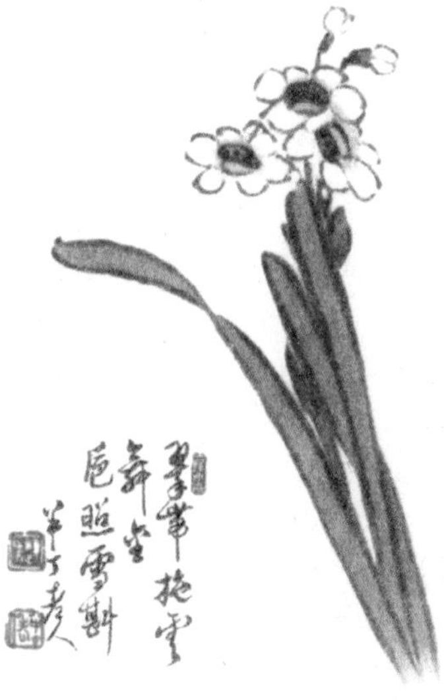

雪 / 元·黄庚

片片随风整复斜，飘来老鬓觉添华。
江山不夜月千里，天地无私玉万家。
远岸未春飞柳絮，前村破晓压梅花。
羔羊金帐应粗俗，自掬冰泉煮石茶。

冬

拾壹

葭月

冰益壮，地始坼，虎始交。日短至，阴阳争，诸生荡。芸始生，荔挺出，蚯蚓结，麋角解，水泉动。

临清大雪 / 清·吴伟业

白头风雪上长安，短褐疲驴帽带宽。
辜负故园梅树好，南枝开放北枝寒。

大雪

08 星期六
农历十一月初二

阮郎归·绍兴乙卯大雪行鄱阳道中 / 宋·向子谭

江南江北雪漫漫。遥知易水寒。同云深处望三关，断肠山又山。
天可老，海能翻。消除此恨难。频闻遣使问平安，几时鸾辂还。

星期日 09
农历十一月初三

菩萨蛮·梅雪 \ 宋·周邦彦

银河宛转三千曲，浴凫飞鹭澄波绿。何处是归舟，夕阳江上楼。
天憎梅浪发，故下封枝雪。深院卷帘看，应怜江上寒。

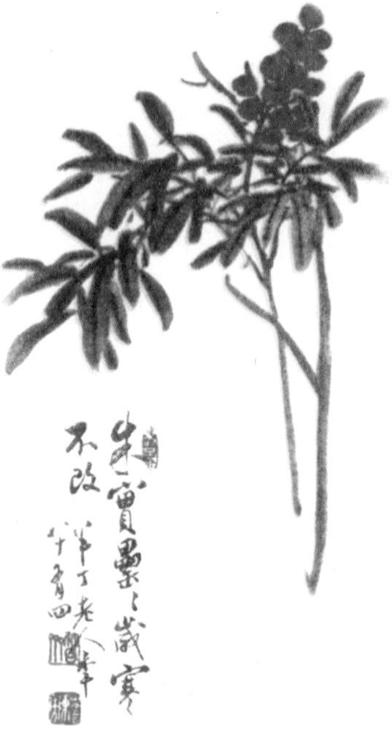

10

星期一

农历十一月初四

夷门雪赠主人 / 唐 · 孟郊

夷门贫士空吟雪，夷门豪士皆饮酒。
酒声欢闲入雪销，雪声激切悲枯朽。
悲欢不同归去来，万里春风动江柳。

阁夜 / 唐·杜甫

岁暮阴阳催短景，天涯霜雪霁寒宵。
五更鼓角声悲壮，三峡星河影动摇。
野哭几家闻战伐，夷歌数处起渔樵。
卧龙跃马终黄土，人事音书漫寂寥。

12 星期三
农历十一月初六

小至 / 唐 · 杜甫

天时人事日相催，冬至阳生春又来。
刺绣五纹添弱线，吹葭六管动飞灰。
岸容待腊将舒柳，山意冲寒欲放梅。
云物不殊乡国异，教儿且覆掌中杯。

星期四
农历十一月初七
13

邯郸冬至夜 / 唐 · 白居易

邯郸驿里逢冬至，抱膝灯前影伴身。
想得家中夜深坐，还应说著远行人。

14 星期五
农历十一月初八

辛酉冬至 / 宋 · 陆游

今日日南至，吾门方寂然。
家贫轻过节，身老怯增年。
毕祭皆扶拜，分盘独早眠。
惟应探春梦，已绕镜湖边。

15

星期六

农历十一月初九

冬至感怀

／宋·梅尧臣

衔泣想慈颜，感物哀不平。
自古九泉死，靡随新阳生。
禀命异草木，彼将羡勾萌。
人实嗣其世，一衰复一荣。

16 星期日
农历十一月初十

冬至

／宋·朱淑真

黄钟应律好风催，阴伏阳升淑气回。葵影便移长至日，梅花先趁小寒开。

八神表日占和岁，六管飞葭动细灰。已有岸旁迎腊柳，参差又欲领春来。

星期一 **17**

农历十一月十一

冬至 / 唐·杜甫

年年至日长为客，忽忽穷愁泥杀人。

江上形容吾独老，天边风俗自相亲。

杖藜雪后临丹壑，鸣玉朝来散紫宸。

心折此时无一寸，路迷何处见三秦。

18 星期二
农历十一月十二

谪官辰州冬至日有怀 / 唐·戎昱

去年长至在长安，策杖曾簪獬豸冠。
此岁长安逢至日，下阶遥想雪霜寒。
梦随行伍朝天去，身寄穷荒报国难。
北望南郊消息断，江头唯有泪阑干。

巫山一段云 / 清·董以宁

岫垂烟淡淡，窗映雪亭亭。看回瘦骨玉山青，寒风晚浦晴。
咒鸥轻点点，飘絮舞盈盈。尽收酒中薄云阴，琼飞淡月明。

20 星期四
农历十一月十四

水调歌头·冬至
／宋·汪宗臣

候应黄钟动，吹出白葭灰。五云重压头上，潜蛰地中雷。莫道希声妙寂，嶰竹雄鸣合凤，九寸律初裁。欲识天心处，请问学颜回。
冷中温，穷时达，信然哉！彩云山外如画，送上笔尖来。一气先通窔窍，万物旋生头角，谁合又谁开。官路春光早，篱落数枝梅。

杂咏 / 元 · 杨允孚

试数窗间九九图，余寒消尽暖回初。
梅花点遍无余白，看到今朝是杏株。

22 星期六
农历十一月十六

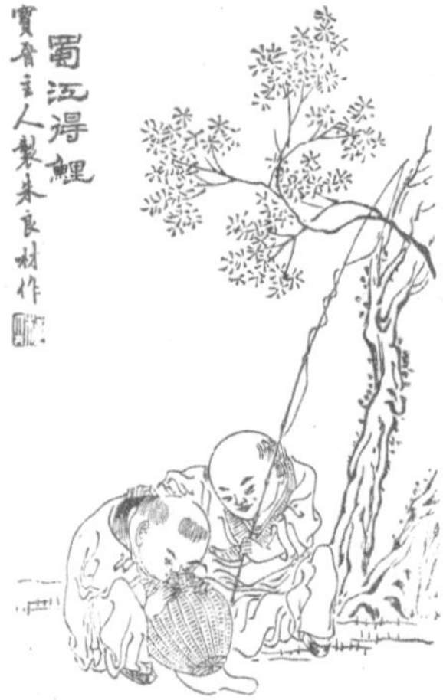

西江月·丙午冬至 / 宋·吴文英

添线绣床人倦，翻香罗幕烟斜。五更箫鼓贵人家，门外晓寒嘶马。
帽压半檐朝雪，镜开千靥春霞。小帘沽酒看梅花，梦到林逋山下。

冬至

星期日
农历十一月十七

23

一剪梅·冬至

宋·程垓

斗转参横一夜霜。玉律声中，又报新阳。起来无绪赋行藏。只喜人间，一线添长。

帘幕垂垂月半廊。节物心情，都付椒觞。丰华渐晚鬓毛苍。身外功名，休苦思量。

24 星期一
农历十一月十八

渔家傲·冬至 / 宋·冯时行

云覆衡茅霜雪后，风吹江面青罗皱。
镜里功名愁里瘦，闲袖手，去年长至今年又。
梅逼玉肌春欲透，小槽新压冰澌溜。
好把升沉分付酒，光阴骤，须臾又绿章台柳。

星期二 25
农历十一月十九

十一月二十七日冬至 / 元 · 朱德润

卷地颠风响怒雷，一宵天上报阳回。
日光绣户初添线，雪意屏山欲放梅。
双阙倚天瞻象魏，五云书彩望灵台。
江南水暖不成冻，溪叟穿鱼换酒来。

26 星期三
农历十一月二十

采桑子·塞上咏雪花 ／ 清·纳兰性德

非关癖爱轻模样，冷处偏佳。别有根芽，不是人间富贵花。
谢娘别后谁能惜，飘泊天涯。寒月悲笳，万里西风瀚海沙。

望梅 / 佚名

小寒时节，正同云暮惨，劲风朝烈。信早梅、偏占阳和，向日暖临溪，一枝先发。时有香来，望明艳、瑶枝非雪。想玲珑嫩蕊，绰约横斜，旖旎清绝。仙姿更谁并列。有幽香映水，疏影笼月。且大家、留倚阑干，对绿醑飞觥，锦笺吟阅。桃李繁华，奈比此、芬芳俱别。等和羹大用，休把翠条谩折。

28 星期五
农历十一月廿二

烛影摇红 / 宋·张榘

春小寒轻，南枝一夜阳和转。东君先递玉麟香，冷蕊幽芳满。应把朱帘暮卷。更何须、金猊烟暖。千山月淡，万里尘清，酒樽经卷。楼上胡床，笑谈声里机谋远。甲兵百万出胸中，谁谓江流浅。憔悴狂胡计短。定相将、来朝悔晚。功名做了，金鼎和羹，卷藏袍雁。

星期六
农历十一月廿三
29

咏梅 / 明·高启

琼枝只合在瑶台，谁向江南处处栽。
雪满山中高士卧，月明林下美人来。
寒依疏影萧萧竹，春掩残香漠漠苔。
自去何郎无好咏，东风愁绝几回开。

30 星期日
农历十一月廿四

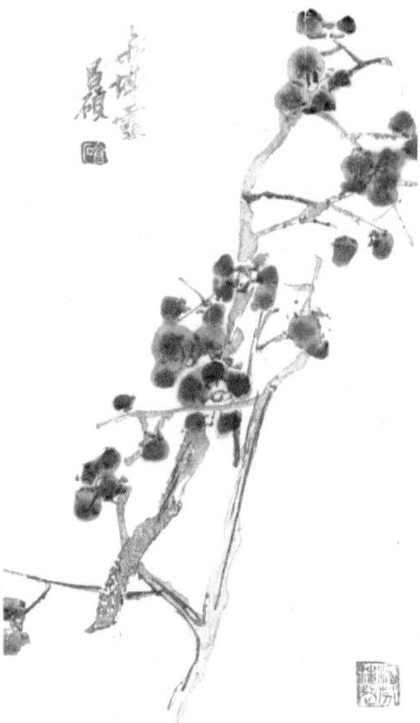

望月婆罗门·元夕 / 金·王寂

小寒料峭，一番春意换年芳。蛾儿雪柳风光。
开尽星桥铁锁，平地泻银潢。记当时行乐，年少如狂。
宦游异乡，对节物只堪伤。冷落谯楼淡月，燕寝余香。
快呼伯雅，要洗我穷愁九曲肠。休更问勋业行藏。

蜡梅香

／宋·喻陟

晓日初长，正锦里轻阴，小寒天气。未报春消息，早瘦梅先发，浅苞纤蕊。揾玉匀香，天赋与，风流标致。问陇头人，音容万里。诗凭谁寄。一样晓妆新，倚朱楼凝盼，素英如坠。映月临风处，度几声羌管，愁生乡思。电转光阴，须信道飘零容易。且频欢赏，柔芳正好，满簪同醉。

图书在版编目（CIP）数据

一日一读·2018 / 胡长青编著. -- 济南 ：山东人民出版社，2017.10

ISBN 978-7-209-11057-0

Ⅰ. ①一… Ⅱ. ①胡… Ⅲ. ①历书-中国-2018 ②古典诗歌-诗集-中国 Ⅳ. ①P195.2 ②I222

中国版本图书馆CIP数据核字(2017)第214219号

编　　选：胡长青
责任编辑：刘　晨
助理编辑：张艳艳　赵　菲
版式设计：彭　路
版式制作：侯地霞

一日一读

胡长青　编著

主管部门　山东出版传媒股份有限公司
出版发行　山东人民出版社
社　　址　济南市胜利大街39号
邮　　编　250001
电　　话　总编室（0531）82098914
　　　　　市场部（0531）82098027
网　　址　http://www.sd-book.com.cn
印　　装　北京图文天地制版印刷有限公司
经　　销　新华书店

规　　格　32开（145mm×210mm）
印　　张　12.25
字　　数　100千字
版　　次　2017年10月第1版
印　　次　2017年10月第1次
ISBN 978-7-209-11057-0
定　　价　88.00元